"十三五"普通高等教育规划教材
高等院校艺术与设计专业"互联网+"创新规划教材

装饰材料与构造

赵文瑾　于斐玥　万琳琳　编著

内 容 简 介

本书基于装饰材料选配到施工项目实施的过程，从材料的基础知识讲起，由内向外地分类讲解了施工过程中采用的装饰材料知识，详细阐述了装饰工程中室内空间各部分的装饰构造与施工工艺。

本书主要内容包括装饰材料概述、装饰基层材料、装饰饰面材料、装饰五金配件、装饰材料施工工具及其连接与固定、装饰材料施工构造；最后一章采用“互联网 +”的形式选编了一些施工图，以供读者学习参考。本书注重装饰材料的种类、性质、构造和施工方法的系统性讲解，实用性较强。

本书既可作为环境设计、室内设计、展示设计等设计类专业的教材，也可作为设计爱好者的自学参考用书。

图书在版编目 (CIP) 数据

装饰材料与构造 / 赵文瑾，于斐玥，万琳琳编著．—北京：北京大学出版社，2021.9

高等院校艺术与设计专业“互联网 +”创新规划教材

ISBN 978-7-301-32334-2

Ⅰ. ①装… Ⅱ. ①赵… ②于… ③万… Ⅲ. ①建筑材料—装饰材料—高等学校—教材 ②建筑装饰—建筑构造—高等学校—教材 Ⅳ. ① TU56 ② TU767

中国版本图书馆 CIP 数据核字 (2021) 第 147596 号

书　　名	装饰材料与构造 ZHUANGSHI CAILIAO YU GOUZAO
著作责任者	赵文瑾　于斐玥　万琳琳　编著
策划编辑	孙　明
责任编辑	李瑞芳
数字编辑	金常伟
标准书号	ISBN 978-7-301-32334-2
出版发行	北京大学出版社
地　　址	北京市海淀区成府路 205 号　100871
网　　址	http://www.pup.cn　　新浪微博：@ 北京大学出版社
电子信箱	pup_6@163.com
电　　话	邮购部 010-62752015　发行部 010-62750672　编辑部 010-62750667
印 刷 者	北京宏伟双华印刷有限公司
经 销 者	新华书店 889 毫米 ×1194 毫米　16 开本　9.25 印张　292 千字 2021 年 9 月第 1 版　2022 年10月第 2 次印刷
定　　价	69.00 元

前言

环境设计是一门艺术与技术相融合的学科。对于环境设计人才培养来说，这类人才既要注重艺术审美的提高，又要具备工程项目相关理论及技能知识。近年来，随着技术的进步，装饰材料与施工发展迅速，出现大量的新型材料和新的施工构造。编者一直想整理编写一本图文并茂且立足于应用技术型人才培养的相关教材，以供在校学生和相关行业从业人员能够系统地掌握装饰材料及施工工程构造的相关知识。

装饰工程从业人员应具备对材料进行认知、选择、搭配的能力，并能够根据所选材料准确绘制构造设计，完成设计方案施工图纸。因此，本书将装饰工程中涉及的材料按装饰工程构造进行分类，以基层材料、饰面材料、五金配件为主要框架进行归纳和讲解，并在立足于实用性的基础上，将构造部分按照顶棚，楼地面，墙面、隔断，门窗等室内空间主要施工部位展开阐述。

本书力求覆盖装饰材料及构造的主要知识点，将近年来涌现的新型材料进行归纳，并选择具有代表性的图片资料、标准图纸及优秀工程案例，直观地展示出来。本书共分为 7 章，第 1 章主要讲解装饰材料的分类、技术特性、作用、选择及发展趋势，第 2 章主要讲述基层骨架材料、基层板材、基层抹刷材料并总结归纳装修后不可见的材料，第 3 章将饰面材料按材料种类进行分述，第 4 章主要介绍装饰工程中主要的五金配件，第 5 章重点讲述装饰材料小型施工工具和连接固定方法，第 6 章按不同装饰部位讲解主要施工构造，第 7 章从实际应用角度选编施工图为从业人员提供施工图纸绘制标准参考。

本书由赵文瑾、于斐玥、万琳琳编著，其中，第 1 章至第 3 章、第 5 章、第 7 章由广州工商学院赵文瑾编写，第 4 章由沈阳工学院万琳琳编写，第 6 章由沈阳工学院于斐玥编写。

本书抛砖引玉，旨在探寻装饰材料系统的认知方法，书中如有不妥之处，敬请广大读者批评指正。

编　者

2020 年 7 月

【资源索引】

目　录

第1章

装饰材料概述

要求与目标

要求：掌握装饰材料基本理论知识，了解装饰材料的力学、物理、化学等方面的基本特性，熟悉材料的性能对装饰工程的影响。

目标：认识材料的分类，并可以根据材料所具备的技术特性合理选择装饰材料和使用空间。

内容框架

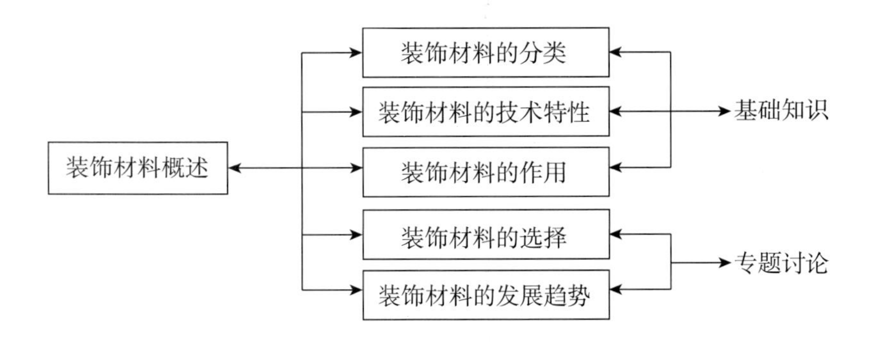

引言

装饰材料是构成装饰工程的物质基础，是保证装饰工程质量的重要前提。在装饰工程中，装饰材料的用量大，占装饰工程造价的比重较高，对于装饰材料的选用、施工及管理等直接影响工程成本。装饰工程设计师应熟悉装饰材料的种类、性能、特点及变化规律，及时了解装饰材料的发展趋势，以保证设计得心应手，施工经济可行。装饰材料与构造是一门实践性较强的课程，在实际施工过程中，材料的种类、名称、品牌存在地区差异，所以在本章学习过程中，应多调研、勤走访，注意了解本地区装饰材料的新产品和新技术。

1.1 装饰材料的分类

装饰材料是安装或涂刷在建筑物、家具表面（内面和外面）起连接或装饰效果的材料，是装饰工程的物质基础。通过装饰材料的运用及室内产品家具的搭配，可以实现建筑内部空间的实用性及独特的装饰风格。不同功能的装饰材料是实现装饰工程结构性、功能性、美观性的保证。装饰材料的品种繁多，掌握装饰材料的分类，有利于全面了解和掌握装饰材料的性能、特点和用途。装饰材料一般可按化学成分、使用部位、燃烧性能、完工后是否可见4类进行划分。

1.1.1 按装饰材料的化学成分分类

按照化学成分的不同，装饰材料可分为无机装饰材料、有机装饰材料和复合装饰材料三大类，见表1-1。

表1-1 按装饰材料的化学成分分类

类别	分类	材料举例
无机装饰材料	金属装饰材料	黑色金属：钢、不锈钢、彩色钢板等
		有色金属：铝及铝合金、铜及铜合金等
有机装饰材料	非金属装饰材料	烧结与熔融制品：烧结砖、陶瓷、玻璃及玻璃制品等
		胶凝材料：石灰、石膏、白水泥、彩色水泥等
		天然石材：花岗岩、大理石等
		水泥混凝土、装饰砂浆、硅酸盐制品等
	植物材料	木材、竹材等
	合成高分子材料	建筑塑料及制品、涂料、胶结剂等
复合装饰材料	无机非金属与有机材料复合	人造大理石、人造花岗岩、钙塑泡沫吸音板等
	无机金属材料与有机材料复合	塑钢、彩色涂层钢板、铝塑板等

1.1.2 按装饰材料的使用部位分类

按装饰工程中使用部位的不同，装饰材料可以分顶棚材料、墙面材料、地面材料、隔断材料、家具材料、装饰织物材料，见表1-2。

表 1-2　按装饰材料的使用部位分类

类 别	部 位	材料举例
顶棚材料	包括吊顶功能与造型、装饰构造所用的各种材料	吊顶吊筋、轻钢龙骨、铝合金龙骨、木龙骨、纸面石膏板、矿棉吸音板、铝扣板、壁纸、玻璃、金属板、涂料、角线等
墙面材料	包括墙面功能与造型、装饰构造所用的各种材料	界面剂、石膏粉、大白粉、涂料、轻钢龙骨、铝龙骨、木龙骨、胶合板、纸面石膏板、涂料、矿棉板吸音板、大理石、花岗石、复合人造石、墙地砖、硅藻泥、壁纸、壁毯、墙布、角线等
地面材料	包括地面功能与造型、装饰构造所用的各种材料	花岗岩、大理石、水磨石、陶瓷砖、强化地板、实木地板、塑料地板、地毯等
隔断材料	包括隔断功能与造型、装饰构造所用的各种材料	轻钢龙骨、纸面石膏板、铝合金龙骨、木龙骨、胶合板、细木工板、密度板、玻璃、亚克力、不锈钢、壁毯、布艺等
家具材料	包括固定与活动家具材料功能与造型、装饰构造所用的各种材料	细木工板、胶合板、密度板、免漆板、饰面板、防火板、波音软片等
装饰织物材料	包括固定与活动装饰织物、功能与装饰构造所用的各种材料	纤维织物、针织品、窗帘、围幔、沙发布艺及床上用品、家具饰品等

1.1.3　按装饰材料的燃烧性能分类

按照《建筑材料及制品燃烧性能分级》(GB 8624—2012) 的要求，根据装饰材料的不同燃烧性能，可将装饰材料分为不燃材料、难燃材料、可燃材料、易燃材料 4 级，燃烧等级分别为 A、B1、B2、B3，见表 1-3。

表 1-3　按装饰材料的燃烧等级分类

燃烧等级	燃烧性能	燃烧特征	材料举例
A	不燃材料	遇明火不燃烧	花岗岩、大理石、水磨石、水泥制品、混凝土制品、石膏板、石灰制品、黏土制品、玻璃、瓷砖、马赛克、钢铁合金、铝合金、铜合金等
B1	难燃材料	遇明火难燃烧	纸面石膏板、纤维石膏板、矿棉吸音板、玻璃棉装饰吸音板、三聚氰胺、脲醛塑料、硅树脂塑料装饰型材、经阻燃处理的各类织物等
B2	可燃材料	遇明火可燃烧	各类天然木材、木制人造板、竹材、装饰微薄木贴面板、塑料贴面装饰板、聚酯装饰板、胶合板、塑料壁纸、无纺贴墙布、墙布、复合壁纸、天然材料壁纸、人造革等
B3	易燃材料	遇明火易燃烧	半硬质 PVC 塑料地板、PVC 卷材地板、木地板氯纶地毯、纯毛装饰布、纯麻装饰布、经阻燃处理的其他织物等

1.1.4　按完工后装饰材料是否可见分类

按完工后装饰材料是否可见，装饰材料可分为基层材料和饰面材料。基层材料可分为基层骨架材料、基层板材、基层抹刷材料；饰面材料可分为木质类、石材类、金属类、玻璃类、陶瓷类、塑料类、涂料类、纤维织品类、其他类，见表 1-4。

表 1-4　按完工后装饰材料是否可见分类

类 别	分 类	材料举例
基层材料	基层骨架材料	木龙骨、轻钢龙骨、型钢龙骨等
	基层板材	胶合板、细木工板、中密度板、纸面石膏板、刨花板、指接板（插接板）等
	基层抹刷材料	灰浆、界面剂、墙固、石膏粉、腻子粉、墙纸基膜、防水涂料等
饰面材料	木质类	木质饰面板、木地板等
	石材类	天然石材：花岗岩、大理石、石英石、砂岩、板岩、青石等
		人造石材：人造花岗岩、人造大理石、人造石英石、人造文化石等
	金属类	不锈钢（不锈钢薄板、彩色不锈钢），钢板（彩色涂层钢板、彩色压型钢板），铝制品、铜和铜制品等
	玻璃类	平板玻璃、钢化玻璃、压花玻璃、磨砂玻璃、烤漆玻璃、彩色玻璃等
	陶瓷类	陶瓷砖、陶瓷制品、琉璃制品等
	塑料类	塑料地板、塑料装饰板、塑料墙纸等
	涂料类	墙面漆、地面漆和木器漆
	纤维织品类	地面装饰、墙面贴饰、挂帷遮饰、家具覆饰、床上用品、盥洗用品、餐厨用品与纤维工艺美术品
	其他类	硅钙板、矿棉吸音板、埃特板

1.2　装饰材料的技术特性

装饰材料的性能包括力学特性、物理特性和化学特性。装饰材料的性能是评定材料的基础和标准，不同性能的装饰材料适用于不同的使用范围。通过熟悉装饰材料的性能特点为合理选择和使用材料完成不同类型、不同风格的装饰工程提供依据。

1.2.1　装饰材料的力学特性

1. 强度

材料在外力作用下抵抗变形和断裂的能力被称为材料的强度，用材料在被破坏时的最大应力值来表示。无机非金属类材料通常以抗压强度、抗折强度或抗折破坏荷载表示。金属及有机类材料通常以抗拉强度、抗折强度或抗折破坏荷载表示。

2. 弹性变形与塑性变形

弹性是指材料受外力作用发生变形，其变形随外力的消失而消失的性质，这种变形称为弹性变形。塑性是指材料发生变形但不破坏的性质。塑性变形是指材料在外力作用下发生的不能恢复的变形。

3．韧性与脆性

韧性是指材料在冲击力作用下产生变形但不突然断裂的性质。装饰工程中常用的韧性材料有钢材、合金、木材等。

脆性是指材料在外力作用下没有明显的塑性变形而突然破裂的性质。装饰工程中常用的脆性材料有天然石材、玻璃、陶瓷、普通砖等。脆性材料的抗拉强度远低于抗压强度，其变形能力和抗冲击能力较差。

4．硬度与耐磨性

硬度是指材料表面抵抗其他物质刻划、磨蚀、压入的能力。表示硬度的指标很多，天然矿物材料的硬度常用摩氏硬度表示。耐磨性是指材料表面抵抗磨损的能力。材料的耐磨性与材料的强度、硬度及相关的物理性质有关。

1.2.2 装饰材料的物理特性

装饰材料的物理特性是指材料在大气环境下表现出的物理状态及热学、声学和化学性质，如密度、导热、吸音性和耐蚀性等，是与质量、水、热、声有关的性质。

1．与质量有关的特性

（1）体积

材料体积分为绝对体积、表观体积、堆积体积。绝对体积指材料在绝对密实状态下不包括内部孔隙的体积。表观体积指在自然状态下整体材料（包括内部孔隙）的外观体积。堆积体积指散粒材料堆积状态下的总外观体积（既包括材料颗粒内部的孔隙，也包括颗粒间的孔隙）。

（2）密度

密度是材料在绝对密实的状态下（不含任何空气）单位体积的质量。通常所指的密度是材料单位绝对体积的质量，除此之外还有表观密度和堆积密度。

表观密度指材料单位表观体积的质量。材料的表观密度除与材料的密度有关之外，还与材料内部的孔隙体积有关，材料的孔隙体积越大，则表观密度越小。

堆积密度指粉块状材料单位堆积体积的质量。

（3）孔隙率

孔隙率指材料内部所有孔隙的体积与材料在自然状态下的体积的百分率。

孔隙率分为开口孔隙率和闭口孔隙率。开口孔隙率是指材料内部开口孔隙的体积与材料在自然状态下的体积的百分率。开口孔隙体积是指材料在吸水饱和状态下所吸取的水的体积。闭口孔隙率是指材料内部闭口孔隙的体积与材料在自然状态下的体积百分率。

对于工程材料，孔隙率是一个变化范围很大的参数。如岩石的孔隙率通常在1%以下，石膏的孔隙率达85%以上。孔隙率越高的材料越松软，其保温性能就越好。

孔隙率反映了材料内部孔隙的多少，直接影响材料的表观密度、强度、耐磨性、耐冻性、保温性、吸音性等。

2. 与水有关的特性

（1）吸水性与吸湿性

吸水性与吸湿性是材料与水相关的特性。吸水性是材料在水中吸收水分的能力，用质量吸水率或体积吸水率来表示。质量吸水率指材料在吸水饱和状态下所吸水的质量占材料绝干质量的百分率。体积吸水率是指材料在吸水饱和状态下所吸水的体积占自然状态下体积的百分率。材料的体积密度越小，孔隙率越大，开口孔隙率就越大，材料吸水率也就越高。

吸湿性是指材料在潮湿空气中吸收水分的性质，其大小以含水率表示。含水率是材料所含水的质量与材料干燥时质量的百分比，其大小随空气湿度的变化而变化。材料的吸湿性取决于材料的组成和孔隙率大小，特别是材料毛细孔的特征及周围环境的湿度。

（2）耐水性

耐水性是指材料长期在饱和水作用下，保持原有功能、抵抗水的破坏的能力。装饰材料的耐水性是指保持颜色、光泽，抵抗起泡、起层的能力。材料吸水或吸湿后，水分会分散到材料内部的颗粒表面，从而削弱材料内各类微粒间的结合力，造成材料褪色、失去光泽、体积膨胀，引起外部尺寸及形状的变化，导致材料失去原有的强度和装饰特性。

3. 与热有关的特性

（1）导热性

导热性指材料将热量由温度高的部分向温度低的部分传递的性质，其导热能力的大小用导热系数来表示。比热是质量为1g的材料在温度改变1K（1K=−272.15℃）时所吸收或放出的热量，称为比热。热容量是材料温度变化1℃时所吸收或放出的热量，其大小为材料的比热和其质量的乘积。温度变形性指温度变化时材料体积变化的性质。

（2）耐热性

耐燃性是材料抵抗燃烧的性质，是影响装饰工程防火和耐火等级的重要因素。根据材料的耐燃性不同，按国家标准可将其分为4个等级：不燃材料为A级，难燃材料为B1级，可燃材料为B2级，易燃材料为B3级。耐火性指材料具有抵抗高温或火的作用，并能保持其原有性能的能力。热稳定性指材料具有抵抗急冷急热的交替作用，并能保持原有性质的能力。

4．与声有关的特性

（1）吸音性

吸音性指声音能穿透材料和被材料消耗的性质，其大小以吸音系数表示。吸音材料能抑制和减弱声波的反射作用，装饰音乐厅、电影院、大会堂、报告厅、播音室等工程时，要使用合适的吸音材料减少噪声干扰，以获得良好的音响效果。

（2）隔声性

隔声性指材料能减弱或隔断声波传递的性能。材料的密度越大，隔声效果越好。弹性较大的材料，隔断振动传递的能力较强。

1.2.3 装饰材料的化学特性

材料的化学特性是指材料在生产、施工或使用过程中发生了化学反应，使材料的内部组成或结构发生变化的性质。装饰工程中，材料的化学特性主要是指其在建筑装饰工程的施工和使用过程中的化学性质，包括抗氧化性、抗腐蚀性、抗老化性、抗碳化性等。如天然大理石含有杂质，其主要成分为碳酸钙，在室外环境中遇到大气中的二氧化碳、硫化物、水气等会产生化学反应，易于溶蚀，并失去光泽，除汉白玉、艾叶青等杂质少且稳定耐久的品种外，一般不用于建筑外部装饰。

材料的化学特性决定其在装饰工程中的使用。对可释放有害气体的材料，如含挥发性物质的涂料及塑料、可分解出有害物质的材料，应限制其挥发性有机物（Volatile Organic Compound，VOC）的含量，如住宅内VOC含量不得高于2mg/m^3；对其他可能产生环境污染或直接对人体有危害的材料必须限制使用，例如，对于含有有害成分（石棉、微生物等）的材料，应避免在居住用建筑物中使用。

1.2.4 装饰材料的耐久性

材料的耐久性是对其展开力学性能、物理性能和化学性能的综合评价的特性。它是一种综合性质，是指材料在各种外界因素的作用下，能长久地保持其使用性能的性质，反映了材料的耐磨性、耐水性、耐热性、耐光性、抗氧化性、抗腐蚀性、抗老化性、抗碳化性等。

材料的耐久性与外力的作用及所处环境的温度、湿度、光线等都有关系。不同工程及不同外部环境，对材料的耐久性要求也不同。例如，北方建筑外部装饰材料应具有抗冻性，处于潮湿环境的装饰材料应具有耐水性等。

影响材料耐久性的主要因素可分为外部因素和内部因素。

外部因素对材料耐久性的影响主要有几个方面：一是化学作用，包括各种酸、碱、盐及其水溶液和各种腐蚀性气体对材料具有的化学腐蚀作用；二是物理作用，包括光、热、电、温度差、湿度差、干湿循环、冻融循环、溶解等可使材料的结构发生变化的作用，如内部产生微裂纹或孔隙率增加；三是生物作用，包括菌类、昆虫等，可使材料产生腐朽、虫蛀等的破坏作用；四是机械作用，包括冲击、疲劳荷载、各种气体、液体及固体引起的磨损与磨耗等。

影响材料耐久性的内部因素主要包括材料的组成、结构与性质。当材料的组成易溶于水或其他液体，或易与其他物质发生化学反应时，则材料的耐水性、耐化学腐蚀性较差；无机非金属脆性材料在温度剧变时，易产生开裂，即耐急冷急热性差；晶体材料比非晶体材料的化学稳定性高；当材料的孔隙率，特别是开口孔隙率较大时，则材料的耐久性往往较差。

1.3 装饰材料的作用

装饰材料是构成建筑装饰工程的必要因素，具有美化装饰建筑物内外空间、满足使用功能、保护建筑物主体及塑造建筑物内外空间风格的作用。

1.3.1 保护建筑结构

建筑结构材料耐久性会受到自然气候、内部环境及微生物的影响而降低。装饰材料可以有效地保护建筑结构，减少外部因素对结构产生的影响。

1.3.2 满足使用功能

装饰材料可以满足室内空间光线、温度、湿度等使用功能需求，使建筑物满足耐热、防火、吸音、吸湿、隔声、防潮等多方面功能。例如，报告厅、演播室、电影院等功能空间墙面顶棚所使用的吸音材料，其所具有的吸音、隔声等性能，满足此类空间声环境的使用功能需求。

1.3.3 装饰材料塑造空间格调

装饰材料的选用与空间格调息息相关。装饰材料具有肌理、质感、光泽、色彩等特性，运用这些特性，结合丰富多变的造型，可以在工程中创造富有特色的建筑空间环境。例如，日式的禅意空间，追求的是材料的天然朴素之美，可以选用木材、竹子、草席等天然材料作为主要装饰材料，从而营造自然简朴之韵味。

1.4 装饰材料的选择

装饰材料的选择影响着装饰效果、使用功能、耐久性和经济性。装饰材料有着多种质感和肌理，不同质感和肌理的材料，可以表达不同的设计语言。例如，粗糙材料给人以朴实、粗犷、自然的感觉，光洁材料给人以通透、科技、前卫的感觉。装饰工程是装饰材料在空间中的综合运用，其选择除具有空间格调表达设计主题还需遵循选择原则。

1.4.1 装饰材料的选择原则

1. 环保性原则

装饰材料的环保性原则是指在选择材料时，要注意材料是否对人体有害，如今市场上有大量的高分子装修材料，此类材料会挥发出有害物质，引起人体过敏或影响人的情绪和食欲，对人体造成严重损害。新型材料如闪闪发光的荧光材料，多数含有放射性元素，对人体具有一定伤害。涂料中含有的硫化氢、亚硫酸钠等，也会造成室内装修污染物排放超标，所以选择材料时应着重考虑环保性以降低材料内所含成分对人体造成的危害。

2. 安全性原则

装饰材料的安全性是保证装饰工程结构稳定性、耐久性的主要影响因素。不同空间类型和不同装饰部位对材料的燃烧性有不同要求，如图书馆、资料室、档案室等空间顶棚、墙面应采用 A 级装饰材料，地面及其他采用不低于 B1 级的装饰材料。

3. 经济性原则

选择装饰材料应考虑经济性要求，如材料的珍稀度，使用贵重原材料生产的装饰材料价格是相对较高的。而装饰材料的使用寿命越长，价格一般也就越高。最后要考虑装饰材料的采购渠道，装饰材料的进货环节较少的购买渠道，相对价格也会较低。

4. 耐久性原则

材料在使用过程中，会与周围环境等各种外部因素发生作用。这些作用直接决定了装饰材料的使用寿命和耐久性。影响装饰材料耐久性的因素主要有以下 3 种。

（1）物理作用

物理作用一般是指干湿变化、温度变化、冻融循环等。这些作用会使材料体积发生变化或引起内部裂纹的扩展，而使材料逐渐破坏，如混凝土、岩石等。

（2）化学作用

化学作用包括酸、碱、盐等物质的水溶液及有害气体的侵蚀作用。这些侵蚀作用会使材料逐渐变质从而被破坏，如水泥的腐蚀、钢筋的锈蚀、混凝土在海水中的腐蚀，石膏在水中的溶解等。

（3）生物作用

生物作用是指菌类、昆虫等的侵害作用，包括材料因虫蛀、腐朽而破坏。

因而，材料的耐久性实际上是衡量材料在上述多种作用下，能长久保持其原有性质而保证正常使用的性质。

5．施工可行性原则

装饰材料的施工可行性是指在施工或设计项目时，对装饰材料进行全面、系统的分析，围绕影响施工项目的各项因素进行综合分析评价，指出装饰材料的优、缺点及建议，以求得施工上最合理、在经济上合算的装饰材料。

1.4.2　装饰材料的选择要求

装饰材料的选择应从建筑物使用要求出发，结合建筑物的造型、功能、用途、所处的环境、材料的使用部位等，同时充分考虑装饰材料的装饰性质及材料的其他性质，选择与所处环境和使用部位相适应的材料，并考虑材料的耐久性与经济性。

1．按照建筑物类别与标准选择

建筑物根据使用功能可分为住宅、办公楼、餐厅、电影院、医院、学校等。装饰材料的选择则有不同要求。如电影院、表演厅常选择具有吸音、隔声效果的装饰材料，宜稳重而有质感；医院则适宜选择颜色素雅、防火性能较高的装饰材料。

2．依据装饰部位进行合理选择

选择装饰材料时，应从建筑物及个别部位的使用要求和装饰要求出发，结合建筑物的功能、造型及艺术风格、周围环境等因素，选择合适的装饰材料，从而使材料的纹理、形式、色彩、质感等均符合设计要求，以获得良好的装饰效果。

3. 依据地域和气候条件选择

气候主要是通过温度、湿度、光照、风、大气压等方面体现，不同地域气候有着不同的特点。南方地区气候湿润且夏季温度较高，住宅地面可以选择散热较快含水率低的装饰材料，如瓷砖。北方地区冬季寒冷，住宅地面可选择铺设地毯，材料颜色宜为暖色。

1.5 装饰材料的发展趋势

装饰设计的发展日新月异，设计风格也出现了各种各样的流派，随着我国人均收入水平不断提高，对装饰材料的需要和需求也越来越多，装饰材料的发展也随着时代的发展而变得多样化。

1. 更加环保、安全、健康

随着人们环保意识的增强，装饰材料将更加注重环保性，逐步向营造更安全、更健康的室内环境方向发展。现代装饰材料中，天然材料较少，人工合成材料较多，大多数装饰材料或多或少含有对人体有害的物质。为了减小污染，要求新型装饰材料更加环保、安全、健康。

2. 规格大、质量轻、强度高

由于土地资源的紧缺和人口居住的密集，建筑物日益向框架型的高层发展，高层建筑物对材料的重量、强度等方面都有新的要求，为了便于安全施工，装饰材料的规格越来越大、质量越来越轻、强度越来越高。

3. 成品化、标准化

随着人工费日益增加及对装饰工程质量的要求不断提高，为了保证装饰工程的工作效率，装饰材料向着成品化、标准化方向发展。成品化装饰材料构造简单、耗材单一，有利于设计的标准化与定型化，在生产、运输环节消耗资金少，生产效率高。

4. 自动化、智能化

随着计算机技术的发展和普及，装饰工程向智能化方向发展，装饰材料也向着与自动控制相适应的方向扩展。智能家居涉及照明控制系统、互联网远程监控、电话远程监控、室内无线遥控等多个方面；商场、银行、宾馆多已采用自动门、自动消防喷淋头、消防与出口大门的联动等设施。

单元训练和作业

1．作业内容

查找室内空间效果图或实景图，从材料颜色、质感、设计图案、耐久性等方面进行分析，并说明装饰材料运用及搭配的优劣。

2．课题要求

分析室内装饰空间效果图或实景图，将主要材料为案例进行分析，谈一谈所选空间材料搭配的优、缺点，形成分析报告。

课题时间：8课时。

教学方式：采用多媒体教学手法和案例分析方法，讲授装饰材料基础知识，赏析空间搭配的美学特质，分析材料的特性以及所形成的空间氛围。

要点提示：注意分析装饰材料的力学特性、物理特性、化学特性对装饰工程的影响。

教学要求：选择符合艺术美学的室内装饰空间，进行材料搭配分析和技术特性分析。

训练目的：学会收集资料，具备独立思考能力和分析能力，掌握装饰材料的分类、特性、作用及选择搭配。

3．思考题

阅读《室内设计实用配色手册》（北京普元文化艺术有限公司、PROCO普洛可时尚编著，江苏凤凰科学技术出版社出版），了解色彩的语言，思考如何用不同色彩质感的材料搭配出不同情绪的空间形象。

4．相关知识链接

（1）阅读《材料选购与应用》（赵利平编写，江苏凤凰科学技术出版社），了解材料搭配技巧。

（2）阅读住房和城乡建设部、国家市场监督管理总局联合发布的《建筑内部装修设计防火规范（GB 50222—2017）》，了解建筑内部材料装修防火设计规范。

第 2 章

装饰基层材料

要求与目标

要求：通过学习认知装饰基层材料，了解各类基层材料的特性、功能、使用特点及应用实例。

目标：能够根据建筑装饰工程合理选择符合国家标准的装饰基层材料。

内容框架

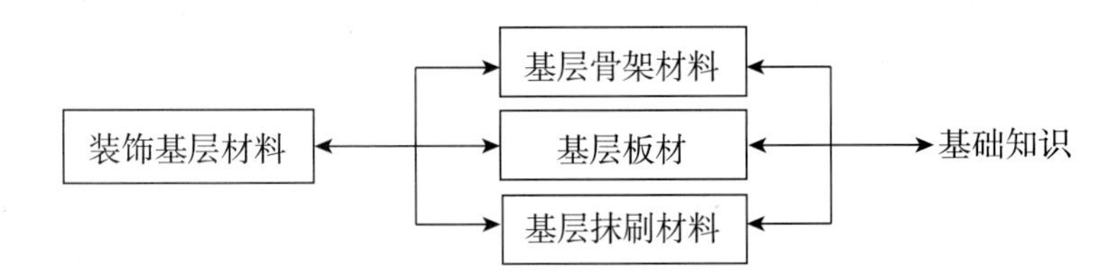

引言

装饰基层材料是指在工程完工后被饰面材料覆盖不可见的材料，是连接饰面材料与顶棚、墙面、地面的基本材料，也是装饰工程质量和施工结构强度的保证。它可分为基层骨架材料、基层板材和基层抹刷材料。

2.1 基层骨架材料

基层骨架材料是室内装饰中用于支撑基层的结构型材料，常见的有木龙骨、轻钢龙骨、铝合金龙骨、型钢龙骨 4 种。

2.1.1 木龙骨

木龙骨，俗称木方，是由白松、椴木、红松、杉木等树木加工而成的截面为方形或长方形的条状室内装饰工程骨架材料，应用于顶棚、隔断、棚架、家具的骨架，起支撑、固定和承重作用，如图 2.1、图 2.2 所示。

图2.1 木龙骨

图2.2 木龙骨吊顶

木龙骨防火、防潮性能低，不能应用于人员密集的场所，如商场、影剧院等对防火等级要求高的公共空间，可以用于办公室、住宅等防火等级要求较低的空间内，使用时可涂刷 3 层防火漆，以在一定程度上提升防火性能。

木龙骨按木材质地可分为轻质木料骨架和硬质木料骨架；按使用部位可分为吊顶龙骨、竖墙龙骨、铺地龙骨及悬挂龙骨等。

使用时主要考虑龙骨受力的刚度、稳定性，根据跨度和面层材料的重量来考虑，以及主龙骨、副（次）龙骨的分布情况来选用。主龙骨常见规格有 30mm × 40mm、40mm × 60mm；更大规格有 60mm × 80mm、60mm × 100mm，较少用于家庭装饰；副（次）龙骨常用的规格有 20mm × 30mm、25mm × 35mm、30mm × 40mm，长度一般为 4m。

2.1.2 轻钢龙骨

轻钢龙骨是采用镀锌铁板或薄钢板经剪裁、冷弯、滚轧、冲压而成的骨架材料，具有防火、质轻、强度高、通用性强，可装配化施工，适用多种板材安装的特点，还具有工期短、施工简便等优点，广泛应用于各类型空间顶棚和隔墙工程。轻钢龙骨表面安装纸面石膏板、装饰石膏板等轻质板材可作为吊顶、非承重墙骨架，如图 2.3 所示。

图 2.3 轻钢龙骨吊顶、隔墙骨架

轻钢龙骨按断面可分为 U 型龙骨、C 型龙骨、T 型龙骨、L 型龙骨、V 型龙骨、三角型龙骨等，如图 2.4 所示。

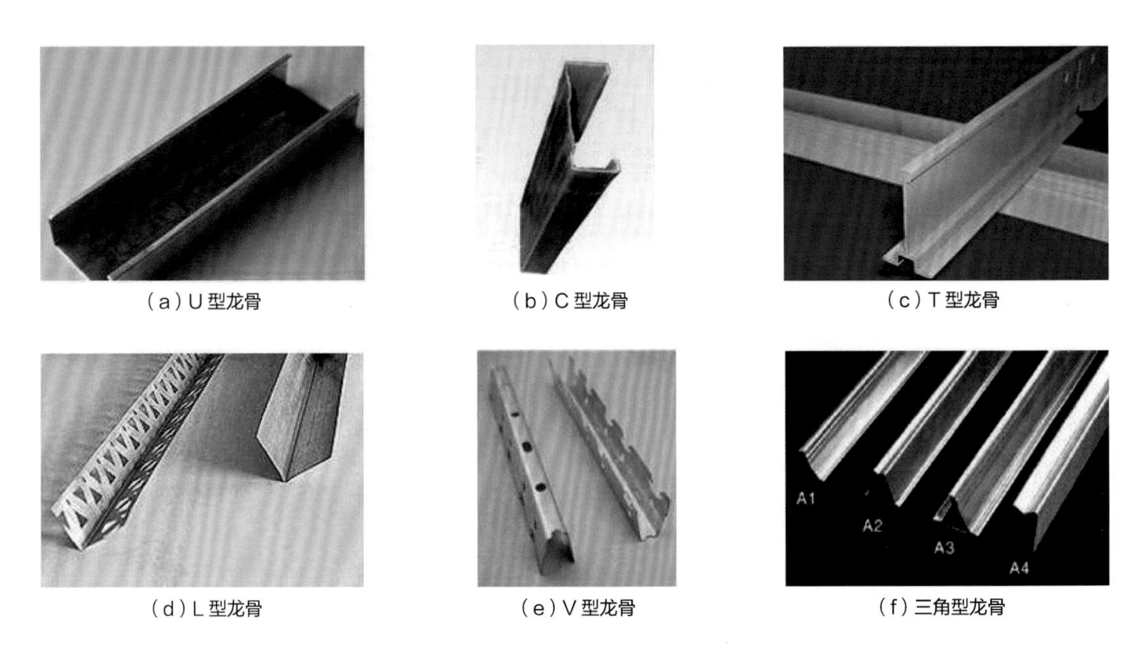

（a）U 型龙骨　（b）C 型龙骨　（c）T 型龙骨

（d）L 型龙骨　（e）V 型龙骨　（f）三角型龙骨

图 2.4 不同断面的轻钢龙骨

吊顶暗装龙骨结构常选用 U 型龙骨、C 型龙骨、V 型龙骨、三角型龙骨作为主龙骨或次龙骨。明装龙骨结构常选用 T 型龙骨作为主龙骨或次龙骨，表面可进行烤漆处理。L 型龙骨则作为收边龙骨使用。按施工结构，吊顶龙骨分为主龙骨（大龙骨或承载龙骨）和次龙骨（中龙骨、小龙骨或覆面龙骨），如图 2.5 所示；墙体龙骨分为横龙骨、竖龙骨和通贯龙骨，如图 2.6 所示。

按使用部位不同，轻钢龙骨分为吊顶龙骨（代号 D）和墙体（隔断）龙骨（代号 Q）。

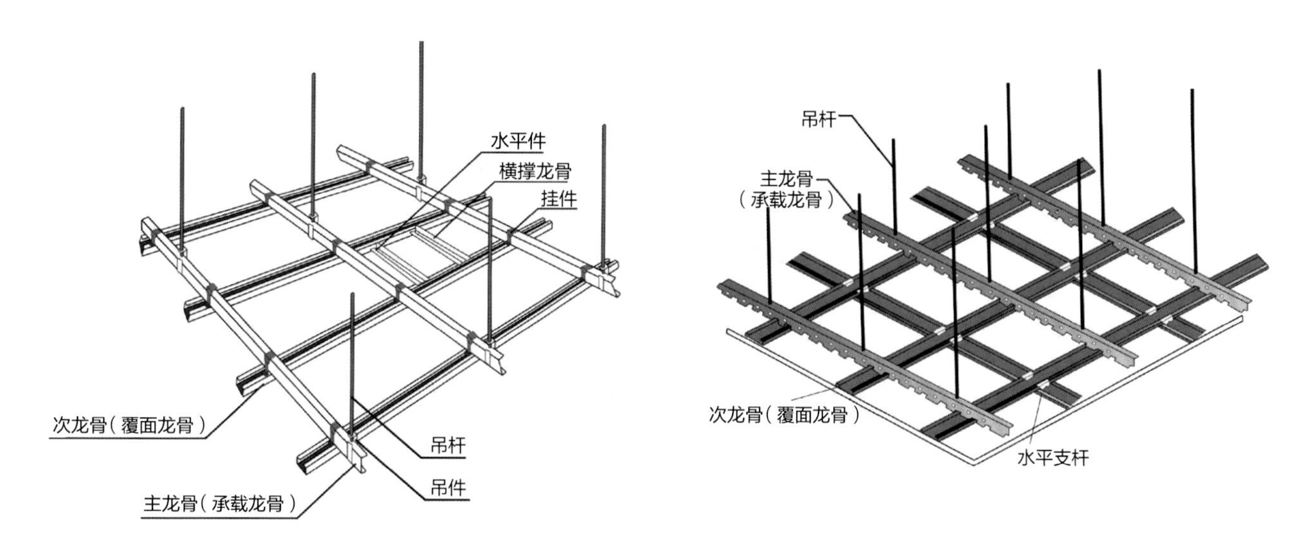

图 2.5　吊顶龙骨结构

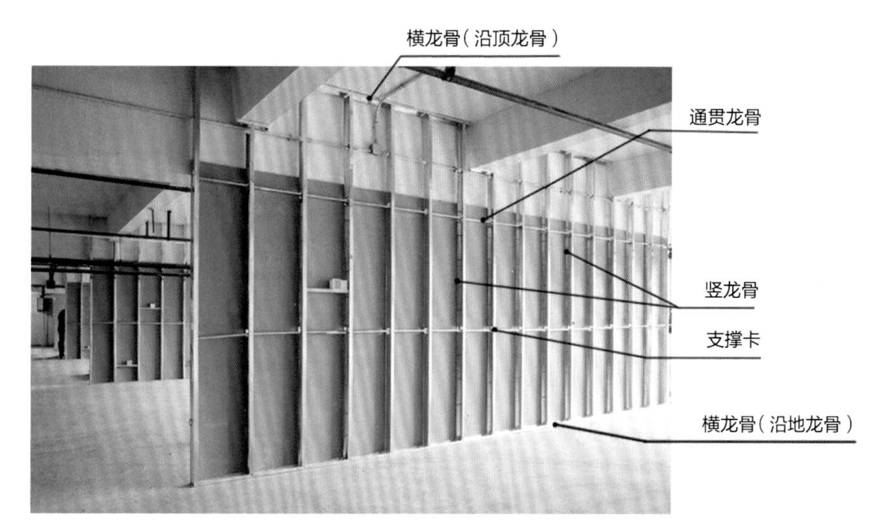

图 2.6　墙体龙骨结构

常见的吊顶龙骨规格有 D38、D50、D60 这 3 个不同的系列，分别具有不同的负载能力，适用于不同的吊点距离。常见的墙体龙骨规格有 Q50、Q75、Q100、Q150，厚度在 0.4～2.0mm。墙体龙骨的规格及应用范围，见表 2-1。

表 2–1　墙体龙骨的规格及应用范围

龙骨种类	规格 /mm		应用范围	图 例
	A × B	厚度		
横龙骨（U 型龙骨）	50 × 40	0.6	墙体和建筑结构的连接	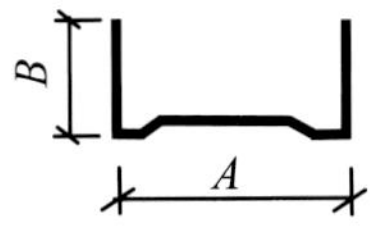
	75 × 40	0.6/0.8		
	100 × 40	0.6/0.8		
	150 × 40	0.7/1.0		
竖龙骨（C 型龙骨）	50 × 50	0.6/0.8	墙体的主要受力构件	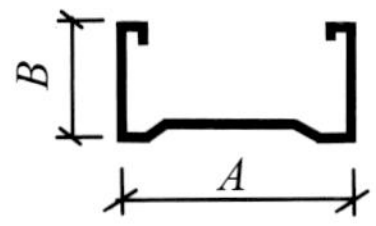
	75 × 50	0.6/0.7/0.8/1.0		
	100 × 50	0.6/0.7/0.8/1.0		
	150 × 50	0.6/0.7/0.8/1.0		
通贯龙骨	38 × 12	1.0/0.2	竖龙骨的中间连接构件	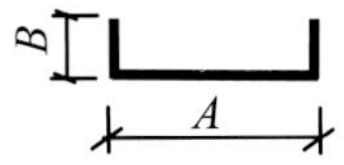

轻钢龙骨产品的标注方式为名称、代号、断面形状的宽度和高度、钢板厚度和标准号。例如，断面形状为 C 型，宽度为 50mm，高度为 15mm，钢板厚度为 1.5mm 的吊顶龙骨标记为“建筑用轻钢龙骨 DC50 × 15 × 1.5 GB/T 11981”。

2.1.3　铝合金龙骨

铝合金龙骨是铝带、铝合金型材经冷弯或冲压而成的装饰骨架材料，具有强度较高、质量较轻、装饰性能好、易加工、安装便捷。它适合作为商场、超市、写字楼、宾馆、银行和各种大型公共场所的吊顶骨架。

按产品种类，铝合金龙骨可分为平面铝合金龙骨、凹槽黑线铝合金龙骨、凹槽白线铝合金龙骨；按断面的形状，铝合金龙骨可分为 L 型铝合金龙骨、T 型铝合金龙骨，如图 2.7 所示。专用于软膜天花饰面材料的铝合金龙骨有 M 码（双扣）、F 码、H 码，如图 2.8 所示。

图 2.7 不同断面的铝合金龙骨及明装效果

图 2.8 软膜天花专用龙骨

2.1.4 型钢龙骨

型钢龙骨是具有一定截面形状和尺寸的条形钢材，其刚度好，抗变形能力强，防火、环保、防潮性能好，且承重大，适合作为防火防潮承重墙。型钢龙骨施工相对复杂，不易加工，而且造价较高。常用的型钢龙骨有角钢、方管、槽钢、工字钢等，如图 2.9 所示。

图 2.9　常用的型钢龙骨

2.2 基层板材

基层板材是从装饰材料的实用功能上进行区分，是相对于饰面板材而言的。基层板材的种类繁多，一般情况下可概括为胶合板、细木工板、密度板、刨花板、指接板、石膏板、欧松板 7 种。

2.2.1 胶合板

胶合板（图 2.10）是将多层薄木片（厚为 1mm）胶合而成，胶合板中相邻层木片纹理相互垂直，以一定奇数层数薄片涂胶后在常温下加压胶合，适宜安装、固定负重较大的装饰部件。常见的胶合板厚度为 3mm、5mm、7mm、9mm、11mm，板幅规格为 2440mm × 1220mm。3mm 厚的胶合板常称为三夹板、三厘板，其余厚度以此类推。

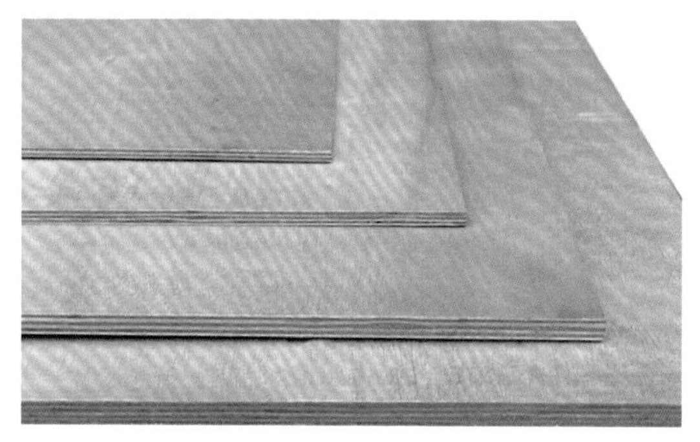

图2.10　胶合板

2.2.2　细木工板

细木工板（图2.11）又称木芯板，是由上下两层夹板、中间为小块木条压挤连接的芯材。因芯材中间有空隙，可耐热胀冷缩。其特点是具有较大的硬度和强度、质轻、耐久易加工。细木工板主要用于家具制造、门窗套、隔断、假墙、暖气罩、窗帘盒门板、壁板等，常见厚度为12mm、15mm、18mm，板幅规格为2440mm×1220mm。

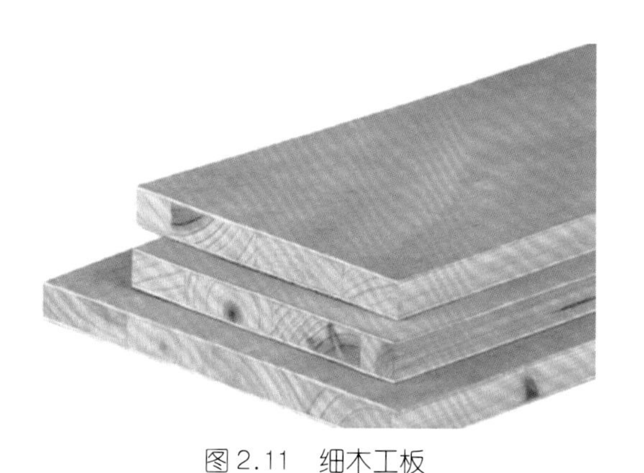

图2.11　细木工板

2.2.3　密度板

密度板（图2.12）又称纤维板，是以植物为原料，经纤维分离、加入黏接剂后热压而成的人造板材。根据其成型的温度和压力不同，分为高密度板、中密度板和低密度板。密度板表面光滑平整、材质细密、性能稳定、边缘牢固、板材表面易于加工，但遇水膨胀率大、变形大、耐潮性差、握钉力低于刨花板，在抗弯曲强度和冲击强度方面均优于刨花板。密度板主要用于强化木地板、家具、壁板、地板、浮雕板、踢脚板基层。市面上的奥松板是一种进口的中密度板。密度板的厚度主要有1mm、2.4mm、2.7mm、3mm、4.5mm、4.7mm、6mm、8mm、9mm、12mm、15mm、16mm、18mm、20mm、22mm、25mm、30mm，板幅规格为1220mm×2440mm。

图 2.12　密度板

2.2.4　刨花板

刨花板（图 2.13）是将木材加工剩余物切削成碎片，经过干燥加胶料在一定温度下和压力作用下压制而成的人造板，具有良好的吸音和隔声性能。刨花板在生产过程中，相较密度板用胶量较小，环保系数相对较高，适合作为地板、隔墙等处的装饰用基层板。刨花板按板材密度可分为低密度（0.25～0.45g/cm^3）、中密度（0.45～0.60g/cm^3）、高密度（0.60～1.3g/cm^3）这 3 种，但通常生产的多是密度为 0.60～0.70g/cm^3 的刨花板。根据用途，刨花板可分为 A 类刨花板和 B 类刨花板。A 类刨花板为家具、室内装饰用途刨花板，B 类刨花板是指非结构建筑用刨花板。另外，还可以通过单板覆面、塑料或纸贴面加工成装饰贴面刨花板，用于家具、装饰饰面板材。常用的刨花板厚度为 16mm、18mm，板幅规格为 1220mm × 2440mm。

图 2.13　刨花板

2.2.5　指接板

指接板是用杉木采用指接、切口接等方式拼接起来的板材，如图 2.14 所示。在生产过程中，指接板的用胶量比细木工板少，所以较细木工板更环保。其结构稳定，在一定程度上可替代细木工板。指接板常见厚度有 12mm、14mm、16mm、20mm 这 4 种，最厚可达 36mm，可作为基层材料使用，还可用于家具、橱柜、衣柜等装饰饰面。

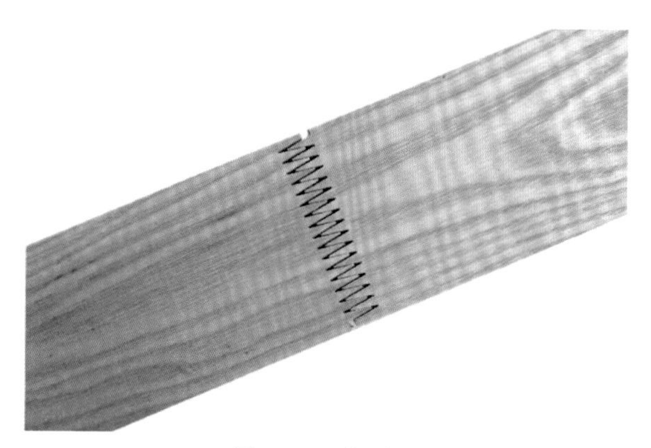

图 2.14 指接板

2.2.6 石膏板

石膏板是以建筑石膏为主要原料，掺入纤维和外加剂构成的板材。具有质量轻、强度高、厚度薄、易加工等特点，同时具有隔声、绝热等优点，广泛应用于室内装修。石膏板常见有纸面石膏板、纤维石膏板、装饰石膏板、硅钙板（石膏板吸音板）等。基层板材主要选用纸面石膏板和纤维石膏板。

1. 纸面石膏板

纸面石膏板具有良好的可加工性，表面可进一步装饰，如涂刷乳胶漆，裱糊壁纸，镶贴玻璃、金属抛光板、复合塑料镜片等，是广泛应用的轻质板材之一。常见有普通纸面石膏板、耐水纸面石膏板、耐火纸面石膏板、防潮纸面石膏板 4 种。

（1）普通纸面石膏板

普通纸面石膏板（代号 P），象牙白色纸面，灰色板芯，是最经济与常见的品种，如图 2.15 所示。它适用于无特殊要求的使用场所，使用场所连续相对湿度不超过 65%，一般与轻钢龙骨配合使用，可作为 A 级不燃性材料使用。耐火极限为 5～15min，耐水性较差，受潮后易变形。

板材棱边有矩形（代号 PJ）、45° 倒角（代号 PD）、楔形（代号 PC）、半圆形（代号 PB）、圆形（代号 PY）。常用板材规格为 2400mm × 1200mm，厚度为 9mm、12mm。

图 2.15 普通纸面石膏板

（2）耐水纸面石膏板

耐水纸面石膏板（代号 S），是指板芯和护面纸经防水处理的石膏板，根据国标的要求，耐水纸面石膏板的表面吸水量不大于 $160g/m^2$，吸水率不超过 10%。耐水纸面石膏板适用于连续相对湿度不超过 95% 的使用场所，如卫生间、浴室等。

（3）耐火纸面石膏板

耐火纸面石膏板（代号 H），板芯增加耐火材料和大量玻璃纤维，能在起火一定时间内保持结构完整。它适用于对防火有要求的酒店、宾馆、写字楼、会议室、医院、学校、车站、机场等场所。

（4）防潮纸面石膏板

防潮纸面石膏板（代号 ZF），具有较高的表面防潮性能，表面吸水量小于 $160g/m^2$，防潮纸面石膏板用于环境潮度较大的房间吊顶、隔墙和贴面墙。

2. 纤维石膏板

纤维石膏板又称石膏纤维板或无纸石膏板，是一种在建筑石膏粉中加入各种纤维增强材料的新型建筑板材，相较于纸面石膏板，表面省去了护面纸，具有握钉能力，综合性能优于纸面石膏板，具有吸音、防火、防潮及抗冲击的优点。一般纸面石膏板安装工艺均可以用于纤维石膏板，表面可使用涂料、壁纸、墙布、墙砖等进行装饰，除光洁表面外，还可加工出各种图案或印刷多种花纹，通过加工表面可做凹凸不平处理。

纤维石膏板可分为植物纤维石膏板和石膏刨花板（木质纤维板）。纤维石膏板有 2400mm × 1200mm 和 2440mm × 1220mm 两个系列，按 8mm、10mm、12.5mm 和 15mm 这 4 种板厚共分 8 个规格。规格尺寸以外的植物纤维石膏板，可由供需双方协商确定。

石膏刨花板的板幅规格有 600mm × 600mm、1500mm × 600mm、2500mm × 1220mm、2750mm × 1220mm、3000mm × 1220mm、3050mm × 1220mm。厚度为 8mm、10mm、12mm、16mm、19mm、22mm、25mm、28mm。经供需双方协议后，可生产定制所需规格的石膏刨花板。

2.2.7 欧松板

欧松板（图 2.16）是采用欧洲松木为原料，经一定工艺加工而成的一种定向板。其表层刨片呈纵向排列，芯层刨片呈横向排列，这种纵横交错的排列，重组了木质纹理结构，彻底消除了木材内应力对加工的影响，使之具有非凡的易加工性和防潮性。由于欧松板内部为定向结构，无接头、无缝隙、裂痕，整体均匀性好，结构稳定，不易变形且肌理具有装饰性，常作为顶棚、墙面或家具的表面装饰材料。

图 2.16　欧松板

2.3　基层抹刷材料

基层抹刷材料是指介于装饰饰面和底部基层之间，用于对底部基层面进行加固、找平、连接等处理的装饰材料，以便于基体与饰面层结合或实现某种功能，避免施工完成后出现质量缺陷的结合层。

2.3.1　灰浆

灰浆也叫砂浆，是由水泥、石灰、石膏等胶凝材料加水拌合而成的浆状混合料，用于粉刷或灌缝。它具有优异的防水效果，施工方便，涂膜强度高，附着力优异，可在砖石、砂浆、混凝土和石膏板基层上施工；可直接在防水膜上进行砂浆抹灰和粘贴瓷砖。通用型防水灰浆（图 2.17）主要用于长期浸水环境下的建筑物防水，适用于浴室、水池和游泳池的防水处理，也适用于厨房和卫生间的防水处理。

图 2.17　通用型防水灰浆

2.3.2 界面剂

界面剂也称为界面改性剂，通常为白色乳胶液，可用于混凝土基层、抹灰基层。通过对基层进行涂刷可以增强黏接力，提升柔韧性，有效避免空鼓、开裂、脱落等问题，是替代传统混凝土表面凿毛工序的一种绿色环保、高性能界面处理材料，可用于墙面和顶棚面的处理。界面剂及施工效果如图 2.18 所示。

图 2.18 界面剂及施工效果

2.3.3 墙固

墙固是墙面固化胶的简称，是一种新型的界面处理材料，一般为黄色乳胶液，主要用于墙面基层处理，涂刷在混凝土及砂浆表面，可以在表面形成连续不透水保护薄膜，能增加基层密实程度，提高界面附着能力，增强灰浆、腻子和墙体表面的黏接强度，也适用于墙布、壁纸的黏接。墙固可以解决墙面起沙、空鼓、开裂、渗水、发霉、涂料难上墙等问题。同类产品还有地固，主要用于地面基层处理。墙固及施工效果如图 2.19 所示。

图 2.19 墙固及施工效果

2.3.4 石膏粉

石膏粉作为一种胶凝材料，主要用于室内墙体粉刷、找平、填缝，在基层找平打底时使用，如图 2.20 所示。

图 2.20 石膏粉

2.3.5 腻子粉

腻子粉（图 2.21）的主要成分是滑石粉，是用于墙面修补找平的一种基层材料，加入胶剂后称为腻子，为刷漆、贴壁纸打下良好的基础，适用于室内墙面、顶棚找平。常见的腻子粉有耐水腻子、底层找平腻子两种。施工时，在基层上涂刷一层界面剂或墙固来封固基层，可以提高墙面的附着力，使腻子更好地黏接在基面上。

图 2.21 腻子粉

2.3.6 墙纸基膜

墙纸基膜（图 2.22）的主要成分是丙烯酸乳液、助剂和水，是一种专业抗碱、防潮、防霉的墙面处理材料，能有效地防止施工基面的潮气水分及碱性物质外渗。墙纸基膜适合作为墙纸、墙布、装饰板材基面的隔潮防霉处理。基膜起到巩固墙面硬度，防止墙面掉灰、返潮、发霉等。它不可在水泥墙面直接施工，适合在腻子层上使用，能调节墙面吸水性，增强黏合力，延长墙纸使用寿命，也便于日后更换墙纸。

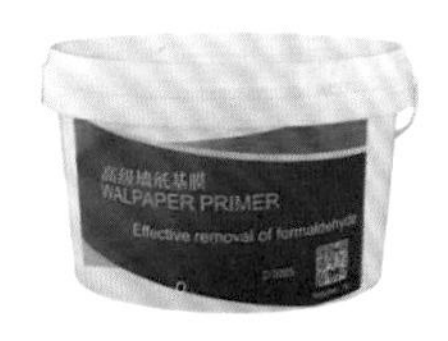

图 2.22 墙纸基膜

2.3.7 防水涂料

防水涂料（图 2.23）是指形成的涂膜能够防止雨水或地下水渗漏的一类涂料，主要包括屋面防水涂料和地下工程防水涂料。按成膜物质的状态与成膜的形式，防水涂料可分为乳液型、溶剂型和反应型，主要用于卫生间、厨房等地面防水处理。

图 2.23 防水涂料

单元训练和作业

1. 作业内容

走访施工现场并拍摄现场照片，结合网络调研资料，熟悉各界面基层骨架材料、基层板材、基层抹刷材料，总结各基层材料对于装饰施工构造实现和装饰工程耐久性的意义。

2. 课题要求

走访装饰材料市场，对基层材料的品种、规格、质地、价格、用途进行分组调研，为设计打下基础。

课题时间：16 课时。

教学方式：走访装饰材料市场，对现有基层材料进行调研，熟悉材料市场，点评基层材料调研报告。

要点提示：从品种、规格、价格的角度对不同品牌同类产品展开调研，了解品牌价格差异。

教学要求：进行分组调研，根据 3 类装饰基层材料制作调研报告表格，根据地方差异可适当增减品种项目。

训练目的：学会调研，确立目标和方向，掌握施工节点构造方法，使用计算机绘制或手绘均可，通过时间强化，提高以施工为导向的材料选择能力。

3. 其他作业

在线观看装饰施工流程视频，了解基层材料施工要点。

4. 思考题

(1) 轻钢龙骨与石膏板的连接方式有哪几种?
(2) 采用基层板材做衣柜结构时，有哪些连接方法?
(3) 基层抹刷材料的施工程序及适用范围是什么?

5. 相关知识链接

阅读《视频 + 全彩图解室内装饰装修现场施工》(理想 · 宅编，化学工业出版社)，了解室内施工数据及装修工程预算报价书。

第3章

装饰饰面材料

要求与目标

要求：掌握各类饰面材料的特性、功能和使用特点，赏析各饰面材料的应用实例，思考饰面材料的选择搭配及美学要求。

目标：培养学生对饰面材料的认知能力，观察并思考身边装饰材料的搭配特点，为装饰材料的选择搭配打下基础。

内容框架

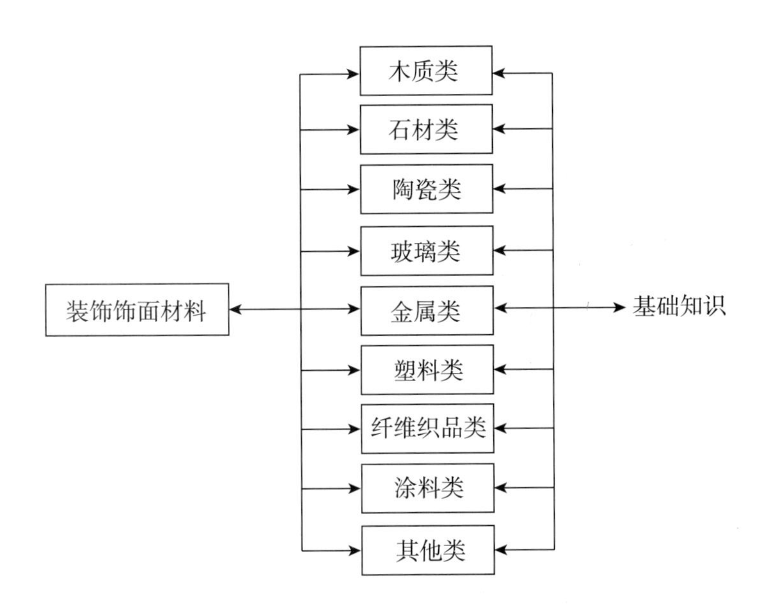

引言

装饰饰面材料是在工程完工后直接可见的起功能性和装饰性作用的装饰材料。按材料品种可分为木质类、石材类、陶瓷类、玻璃类、金属类、塑料类、纤维织品类、涂料类、其他类。

3.1 木质类

木质材料具有较好的弹性和韧性，表面易于加工和涂饰，天然木材具有木质自然纹理和柔和温暖的视觉和触觉。木材按质地可分为软木和硬木。软木通常指针叶树材，具有密度较小、质地较松软的特点。硬木多为阔叶树材，如桦木、水曲柳、橡木、榉木、椴木、樟木、柚木、紫檀、酸枝、乌木等，种类较多，花色纹理不同，相较于针叶树密度较大、质地坚硬。

3.1.1 木质装饰材料

1. 天然木饰面

天然木饰面是采用原木加工制成的装饰饰面材料，木饰面一般按照板材实质（原木材质）名称分类，常见的木纹有安利格红影、黑胡桃、沙比利、枫木、泰柚、红檀、黑檀、榉木、铁刀木直线、非洲梨木、红胡桃、红玫瑰、水曲柳、安利格、斑马、西南桦、红榉、紫檀等，如图 3.1 所示。常见的天然木饰面有实木马赛克、集成板、防腐木、炭化木、实木装饰线条。

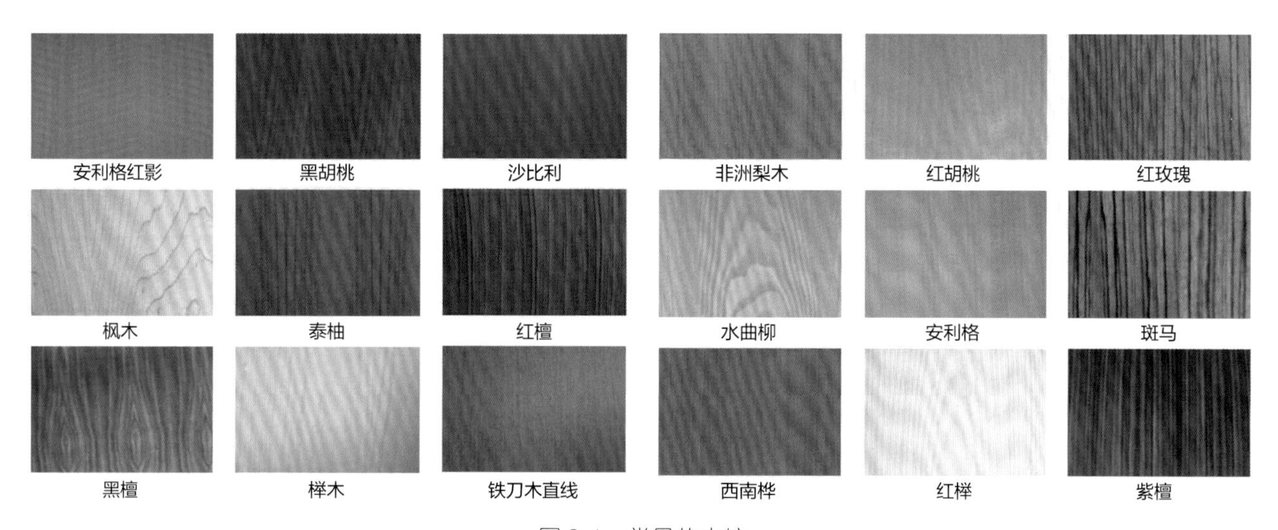

图 3.1 常见的木纹

（1）实木马赛克

实木马赛克（图 3.2）以天然木材为原料，通过马赛克的形式展示木材的质感，是一种较新型的材料，价格相对昂贵。

图 3.2　实木马赛克

（2）集成板

集成板是实木板的一种，一般由进口松木和南洋硬木通过拼合而成，后经过防水、防腐等特殊处理。进口松木主要有芬兰云杉、樟子松、红雪松、铁杉、花旗松等，因经常用在桑拿房的四壁，所以俗称“桑拿板”。集成板分为有节和无节两种，板幅规格为 1200mm × 2400mm，厚度为 20～25mm。集成板及其装饰效果如图 3.3 所示。

图 3.3　集成板及其装饰效果

（3）防腐木

防腐木是经过防腐工艺处理的天然木材，经常被运用在建筑与景观环境设施中。

经过防腐处理的防腐木不会受到真菌、昆虫和微生物的侵蚀，性能稳定、密度高、强度大、握钉力好、纹理清晰，极具装饰效果。防腐木主要用于建筑外墙、景观小品、凉亭、花架、小桥、亲水平台等室外装饰。防腐木及装饰效果如图 3.4 所示。

图 3.4　防腐木及装饰效果

（4）炭化木

炭化木是指将天然木材放入一个封闭环境里，经过高温处理得到的一种具有部分炭化特性的木材，通过将木材的有效营养成分炭化来达到防腐目的。炭化木及装饰效果如图 3.5 所示。

图 3.5　炭化木及装饰效果

（5）实木装饰线条

实木装饰线条是将实木加工成一定造型用于各界面、材料之间的衔接处，既可以用于顶棚、墙面和地面的封边收口、压边的装饰，也可用于门窗套、家具边角、独立造型等构造的封装修饰，在室内装饰中起着固定、连接、加强装饰饰面的作用。从形态上，实木装饰线条一般分为平板线条、圆角线条、槽板线条等。实木装饰线条样式及装饰效果如图 3.6 所示。

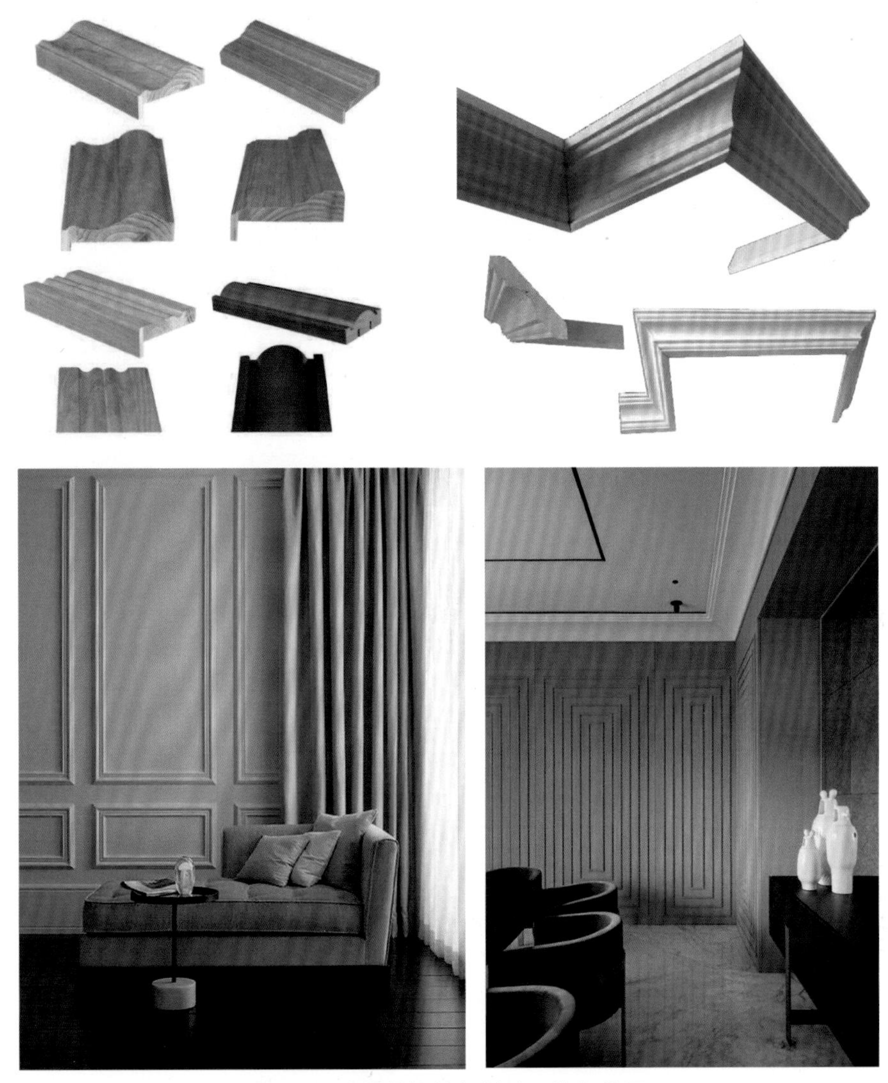

图3.6　实木装饰线条样式及装饰效果

2. 人造木饰面

(1)薄木皮贴面饰面

薄木皮贴面饰面是将实木板精密刨切成厚度0.2mm左右的微薄木皮，以胶合板为基材黏接于其表面加工而成的具有单面装饰作用的装饰板材。薄木皮贴面饰面及装饰效果如图3.7所示。

(2)饰面防火板

饰面防火板是原纸(钛粉纸、牛皮纸)经过三聚氰胺与酚醛树脂的浸渍工艺，再经高温高压而成，基材是刨花板。饰面防火板的色泽艳丽，花色丰富，具有耐磨、耐高温、易清洁、防水、防潮等特性，表面可制作成素色、木纹、布纹、皮纹等饰面效果，适用于对防火要求较高的室内空间装饰。防火层厚度一般为0.8mm、1mm或1.2mm。饰面防火板结构及装饰效果如图3.8所示。

图 3.7 薄木皮贴面饰面及装饰效果

图 3.8 饰面防火板结构及装饰效果

(3)生态木板

生态木板也称免漆板，是将带有不同颜色或纹理的纸放入三聚氰胺树脂胶剂中浸泡，然后干燥到一定固化程度，将其铺装在刨花板、防潮板、中密度纤维板、胶合板、细木工板或其他实木板材上面，经热压而成的装饰板，因此也被称为三聚氰胺板、一次成型板。生态木板基材一般为木工板、刨花板和中密度板，常用于各种家具、橱柜。生态木板结构及橱柜装饰效果如图 3.9 所示。

生态木板是一种用于贴面的硬质板材，具有耐磨、耐热、耐寒、耐溶剂、耐污染和耐腐蚀等特性，板面平整、光滑、洁净，有各种花纹图案，色调丰富多彩，表面硬度大，易于清洗，是一种较理想的防尘材料。生态木板常见板幅规格为 2440mm × 1220mm，厚度有 15mm、18mm、22mm、25mm。

图 3.9　生态木板结构及橱柜装饰效果

(4) 木质吸音板

木质吸音板是根据声学原理精致加工而成，由饰面、芯材和吸音薄毡组成，可分为槽木吸音板和孔木吸音板。槽木吸音板是在密度板正面开槽、背面穿孔的狭缝共振吸音材料；孔木吸音板是在密度板的正面、背面开圆孔的结构吸音材料，表面可采用多种饰面，如天然木皮、三聚氰胺木纹、防火板。木制吸音板适用于既要求有木材装饰效果，又有声学要求场所的顶棚和墙面装饰。木质吸音板及装饰效果如图 3.10 所示。

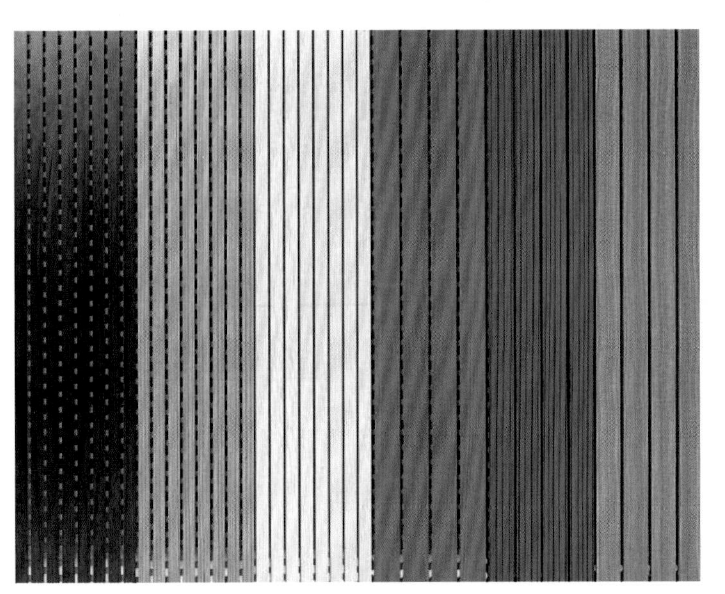

图 3.10　木质吸音板及装饰效果

(5) 木丝吸音板

木丝吸音板是由长纤维状木丝和特殊防腐、防潮黏接剂混合压制而成，具有耐冲击、隔声吸音效果好等优点，适用于剧场、音乐厅、办公室、洽谈室、宾馆酒店、娱乐场所等对声环境较高的空间装饰。木丝吸音板及吊顶装饰效果如图 3.11 所示。

图 3.11 木丝吸音板及吊顶装饰效果

3.1.2 木地板

1. 实木地板

实木地板是木材经烘干、加工后形成的地面铺装材料，表面保持原料的自然花纹，具有弹性好、脚感舒适、使用安全、环保等特性。实木地板可分为条状实木地板和拼花实木地板。一般条状实木地板规格宽度为 90～120mm，长度为 450～900mm，厚度为 18mm，每平方米的造价在 200～1000 元不等。实木地板及铺地效果如图 3.12 所示。

图 3.12 实木地板及铺地效果

2. 实木复合地板

实木复合地板（图 3.13）的表层选用名贵实木，中间为多层实木基材，底层为实木平衡层，在一定程度上克服了实木地板湿胀干缩的缺点，干缩湿胀率小，具有较好的尺寸稳定性，并保留了实木地板天然的木纹和舒适的脚感。实木复合地板兼具强化地板的稳定性与实木地板的美观性，且用胶量少，甲醛释放量少，更环保。实木复合地板适用于地暖铺设，但容易受热变形。

图 3.13　实木复合地板

3．强化复合地板

强化复合地板（图 3.14）是将原木粉碎之后添加黏合剂及防腐材料加工制作而成的。一般分为 4 层，自上而下依次为耐磨层、装饰层、基材层、平衡层。耐磨层由三聚氰胺和合成树脂组成，具有耐火、耐磨等特性；装饰层可制作仿制各种木纹和图案；基材层为高密度板，具有一定稳定性；平衡层为涂漆层或纸板，具有防潮、平衡拉力的作用。

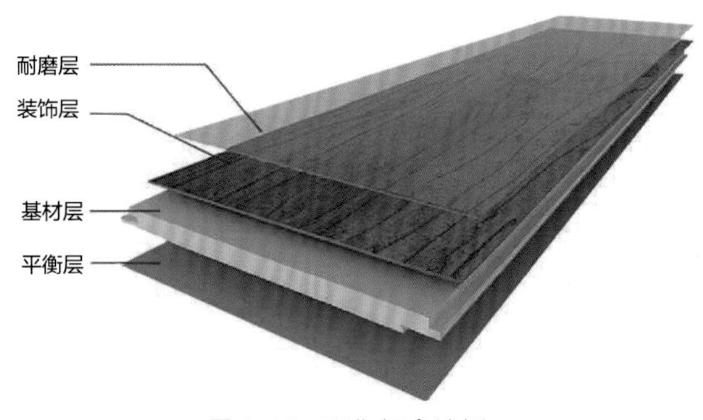

图 3.14　强化复合地板

强化复合地板具有耐磨、花色品种多、容易护理、安装简便、性价比高等优点，但舒适度不如实木地板，存在怕水、装饰效果差、环保性低等缺点。强化复合地板通常有标准、宽板和窄板 3 种规格，厚度为 8mm、10mm、12mm。

4．竹地板

竹地板是采用多片、多层胶合叠压，再经过后续规格加工而成的全竹材地板，有平压和侧压两种，又有本色和炭化之分。竹木地板具有密度高、韧性好、强度大，结实耐用、不易变形、质地光洁、色泽柔和、典雅大方等优点。竹地板及铺地效果如图 3.15 所示。

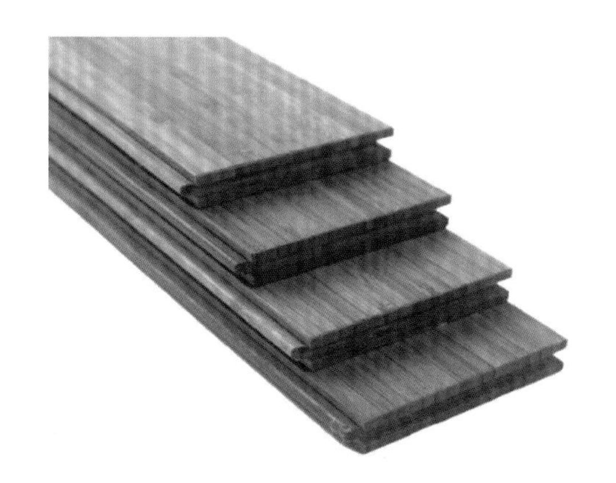

图 3.15　竹地板及铺地效果

3.2　石材类

石材装饰材料可分为天然石材和人造石材。天然石材表面可进行研磨、刨切、烧毛、凿毛加工等，经处理后的石材常见的有机刨板、火烧板、荔枝面、剁斧板。机刨板是指用专门石材刨机划出的表面有长条槽的石板。火烧板是在花岗岩板面上，通过高温气体喷射（即火焰喷射法）加工出均匀、粗糙、色泽鲜明的表面。荔枝面是经人工或机器击打石材表面，使之形成凹凸不平形如荔枝皮的粗糙表面。剁斧板又称龙眼面，是经人工或机器有规律地刻凿石材表面，形成似石斧剁成的平行且密集的凹凸条状纹理。石材表面的处理作为地面起防滑作用，作为墙壁可给人粗重浑厚之感；经过表面处理的石材吸光吸热性能好，无大面积反射，又增加了立体感。

3.2.1　天然石材

1. 天然大理石

天然大理石属于变质岩，通常是层状结构，有明显的结晶和纹理，硬度比花岗岩低，它易加工、磨光性好，但抗风化性能差，一般不适宜用于室外。

天然大理石外观分纯色和花纹两类。纯色大理石主要为白色，如汉白玉。花纹大理石呈玫瑰红色、浅绿色、米黄色、灰色、黑色等，花纹有山水型、云雾型、图案型、雪花型，是一种高档的装饰材料，适用于对装修标准较高的室内空间环境的墙面和地面装饰。

天然大理石板的通用厚度为 20mm。随着工艺改进，厚度为 7mm、8mm、10mm 的薄板开始应用于装饰工程，但规格不宜过大。常见的天然大理石品种如图 3.16 所示。

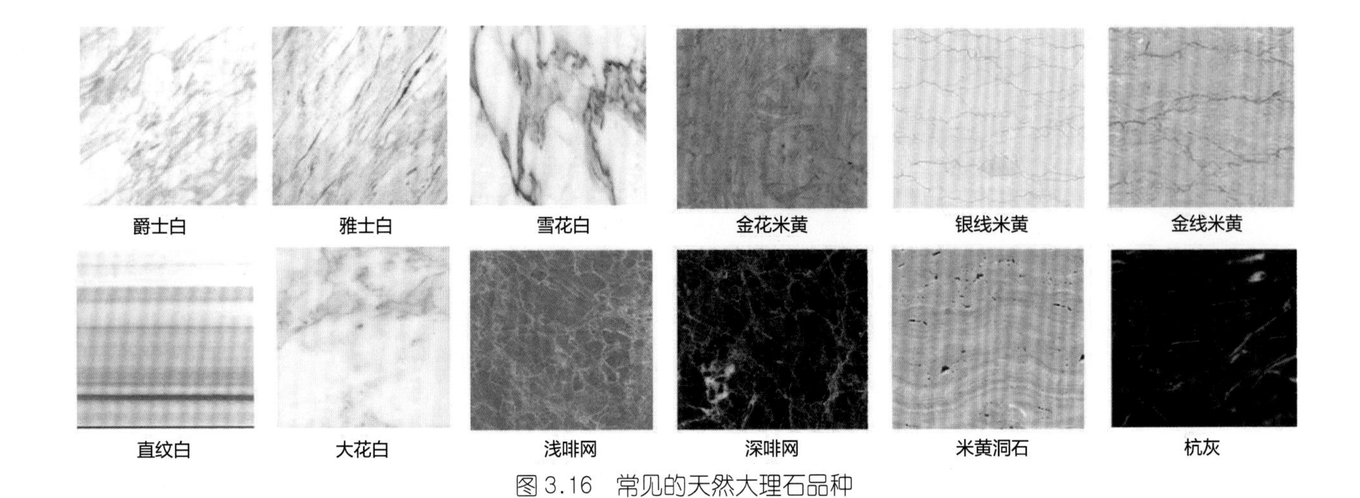

图 3.16　常见的天然大理石品种

2．天然花岗岩

天然花岗岩一般呈均匀粒状结构，具有深浅不同的斑点或者呈纯色，无彩色条纹，石质坚硬致密，化学性质稳定，不易风化，而且耐酸、耐腐、耐磨。天然花岗岩的颜色有黑色、灰色、黄色、绿色、红色等，以深色为名贵，多用于地面及装饰台面，也可用于室外。常见的天然花岗岩品种如图 3.17 所示。

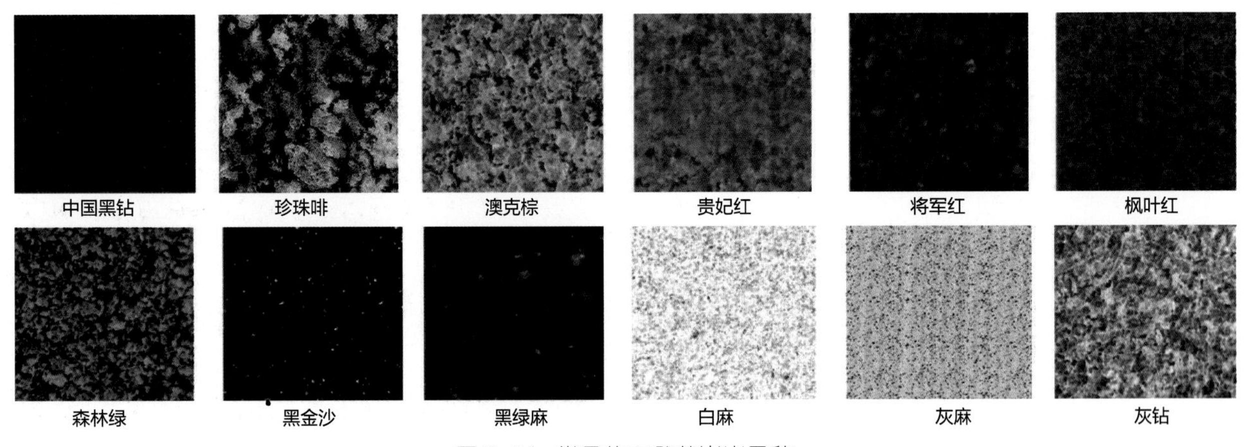

图 3.17　常见的天然花岗岩品种

3．文化石

根据材质分类，文化石可分为砂岩、板岩、青石板。根据加工形式分类，文化石可以分为平石板、蘑菇石板、乱形石板、条石、彩石砖、石材马赛克、鹅卵石等。常见的文化石品种如图 3.18 所示。板岩墙面装饰效果如图 3.19 所示。

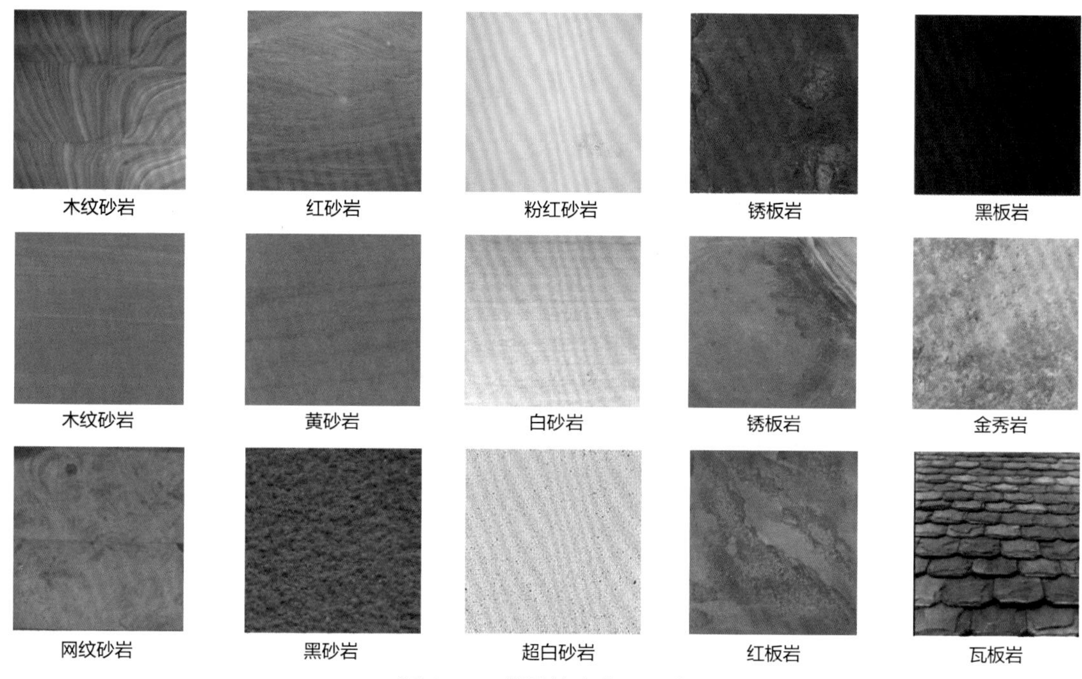

图 3.18 常用的文化石品种

图 3.19 板岩墙面装饰效果

3.2.2 人造石材

人造石材色泽鲜艳、花色繁多、装饰性好；色彩和花纹可根据设计意图制作，还可以按需求加工成各种曲面、弧形等形状；表面光泽度高。人造石材质量轻、厚度小，可一次成型为板材。

人造石材按仿天然石材类型可分为人造花岗岩、人造大理石、水磨石制品、人造艺术石等；按材质可分为水泥型人造石材、树脂型人造石材、复合型人造石材等。

1. 水泥型人造石材

水泥型人造石材也称水磨石，是将碎石拌入水泥制成混凝土制品后表面磨光的制品。水磨石根据黏接料不同又分为无机水磨石和有机水磨石。以水泥黏接料制成的水磨石称无机水磨石，用环氧黏接料制成的水磨石称有机水磨石或环氧水磨石。水磨石既可以预制，也可现场浇筑。水磨石及地面装饰效果如图 3.20 所示。

图 3.20　水磨石及地面装饰效果

2. 树脂型人造石材

树脂型人造石材是以不饱和聚酯树脂为胶结剂，与石英砂、大理石、方解石粉等搅拌混合浇铸成型，在固化剂的作用下产生固化作用，经脱模、烘干、抛光等工序制成，多用于卫生洁具、工艺品及浮雕线条，也可以用于室内墙面、地面、柱面、台面的镶贴。树脂型人造石材及装饰线如图 3.21 所示。

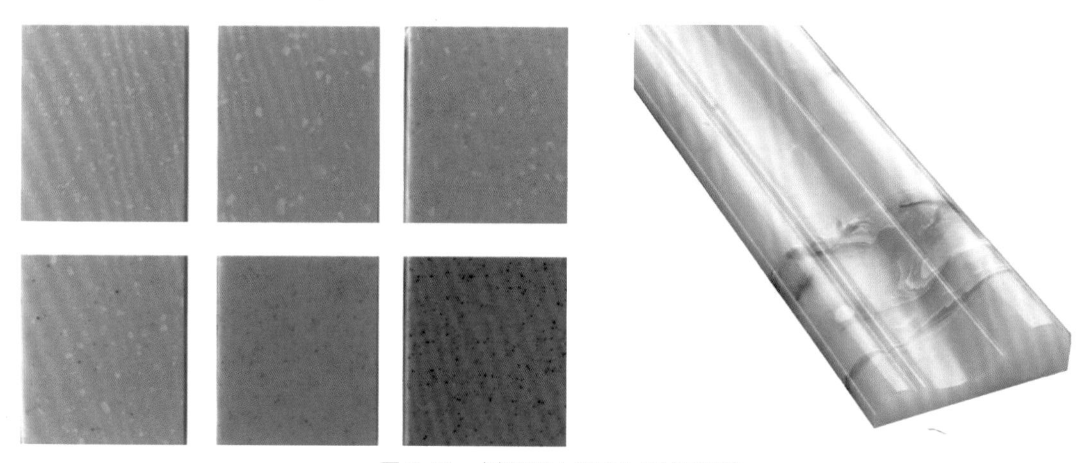

图 3.21　树脂型人造石材及装饰线

3. 复合型人造石材

复合型人造石材主要是指天然石材复合板，是一种天然石材薄板与铝蜂窝板、陶瓷、玻璃、铝塑板等基材复合而成的装饰材料新产品。根据不同的使用要求和用途，应采用不同基材的复合板。

石材铝蜂窝复合板（图 3.22）是由铝蜂窝板和石材复合而成，适用于大型、高档建筑顶棚、墙面、地面装饰，如机场、展览馆、五星级酒店等，可采用干挂法安装。

图 3.22　石材铝蜂窝复合板

石材瓷砖复合板（图 3.23）是以瓷砖为基材的石材复合板，相较于通体石材质轻、环保，可采用粘贴法安装。

图 3.23　石材瓷砖复合板

3.3　陶瓷类

陶瓷是建筑物中重要的装饰材料之一，根据烧结程度，陶瓷制品可分为陶质、瓷质、陶砖和炻质砖，区别主要在吸水率。瓷质的吸水率一般不大于 0.5%，常见的有抛光砖、无釉锦砖、卫生洁具。陶质的吸水率一般大于 10%，常见的有瓷片、陶管、饰面瓦、琉璃制品。介于两者之间的为炻质，常见的有外墙砖、抛光砖等。现代建筑装修工程中常用的陶瓷制品有陶瓷砖、陶制品、琉璃制品等。

3.3.1　陶瓷砖

根据不同使用部位，陶瓷砖可分为外墙砖、内墙砖和地砖。按是否施釉可分为釉面砖和无釉砖。按工艺品种可分为通体砖、抛光砖、玻化砖、仿古砖、陶瓷马赛克、微晶玻璃陶瓷复合砖等，广泛用于居民住宅、宾馆饭店、公共场所等建筑物的墙面装饰，是室内装修的主要产品。陶瓷砖的配件包括阳角条、阴角条、阳三角、阴三角、压顶、腰线等异形构件，用于铺贴一些特殊部位。

1. 通体外墙砖

通体外墙砖是指表面无釉、正反面色泽一致的陶瓷砖，其色彩丰富、价格经济，但花色纹样单一，如图 3.24 所示。其主要规格有 25mm × 25mm、23mm × 48mm、45mm × 45mm、45mm × 95mm、45mm × 145mm、95mm × 95mm、100mm × 100mm、45mm × 195mm、100mm × 200mm、50mm × 200mm、60mm × 240mm、200mm × 400mm 等。

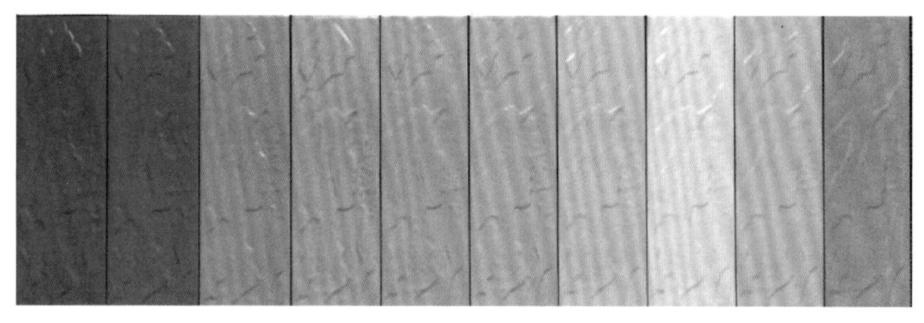

图 3.24　通体外墙砖

2. 玻化砖

玻化砖属于全瓷砖，采用高温烧制而成，密度比一般瓷砖更高，是一种强化的抛光砖。相较于抛光砖，玻化砖解决了易污染、难清理的问题，质地比抛光砖更坚硬、更耐磨，广泛应用于地面铺装。玻化砖及铺地效果如图 3.25 所示。

图 3.25　玻化砖及铺地效果

3. 釉面砖

釉面砖是以陶土为原料经压制成坯，再经干燥、煅烧而成，表面施有釉层，因此称为釉面砖，如图 3.26 所示。按原料不同，釉面砖分为陶制和瓷制两种。陶制釉面砖是由陶土烧制而成，吸水率较高，强度相对较低，主要特征是背面颜色为红色。瓷制釉面砖是由瓷土烧制而成，吸水率较低，强度相对较高，主要特征是背面颜色为灰白色。

图 3.26　釉面砖

图 3.27　陶瓷马赛克

4．陶瓷马赛克

陶瓷马赛克（图 3.27）用不同规格的数块小瓷砖粘贴在牛皮纸或尼龙网上拼成，广泛应用于墙面或地面装饰。

5．微晶石

微晶石是通过基础玻璃在加热过程中进行控制晶化而制成的一种含有微晶体的玻璃体复合材料。微晶石厚度为 13～18mm，可制成平板和曲板，热稳定性能和绝缘性能良好。微晶石主要用于建筑物内、外墙面及柱面、地面和台面等。微晶石及背景墙装饰效果如图 3.28 所示。

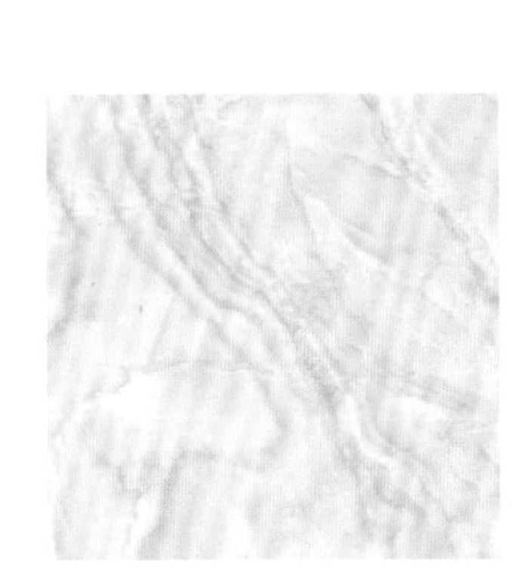

图 3.28　微晶石及背景墙装饰效果

6．抛晶砖

抛晶砖是在胚体表面施以一层耐磨透明釉，经烧制抛光而成，表面细腻，图案丰富，属于高档装饰瓷砖。抛晶砖及铺地效果如图 3.29 所示。

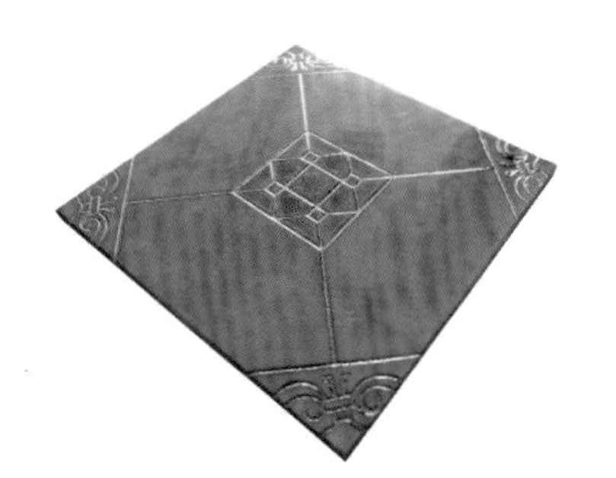

图 3.29　抛晶砖及铺地效果

3.3.2　陶制品

陶制品是以难熔黏土为原料，经成型、素烧、表面涂以釉料后又经第二次烧制而得到的制品。陶制品墙面装饰效果如图 3.30 所示。

图 3.30　陶制品墙面装饰效果

3.3.3　琉璃制品

琉璃制品是一种涂玻璃釉的陶质品，是以低熔点塑性黏土为主料，经干燥、素烧、施釉、釉烧等工序制成。其釉色艳丽多彩，常用于公共空间装饰，如酒吧、商场、酒店、公司的吊顶、墙面、吧台装饰等。如图 3.31 所示为琉璃砖。

图 3.31　琉璃砖

3.4　玻璃类

玻璃的主要成分为二氧化硅和其他氧化物，在现代室内装饰中应用广泛。玻璃的种类繁多，常见的有平板玻璃、安全玻璃、节能玻璃、结构玻璃、装饰玻璃这 5 类。

3.4.1　平板玻璃

平板玻璃（图 3.32）有透光、隔声、透视性好的特点，并有一定隔热性、阻寒性。平板玻璃可分为普通平板玻璃和浮法玻璃。平板玻璃耐风压、耐雨淋、耐擦洗、耐酸碱腐蚀。

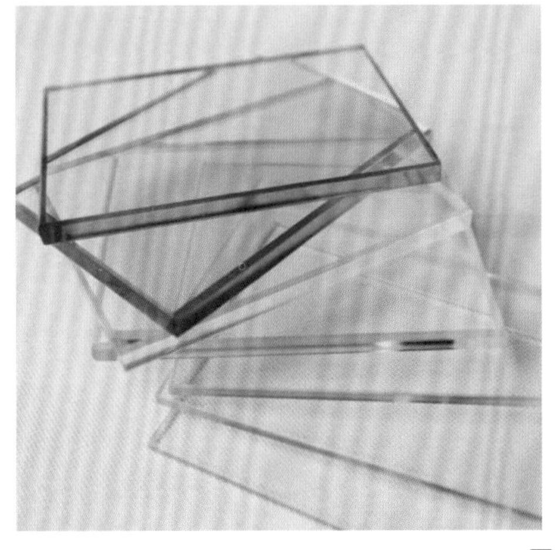
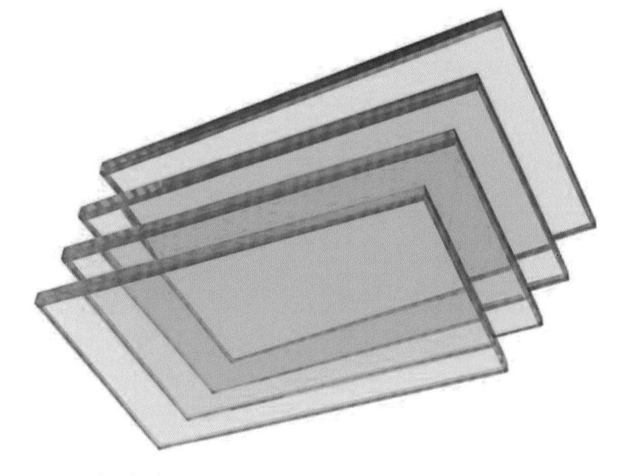

图 3.32　平板玻璃

1. 普通平板玻璃

普通平板玻璃是用石英砂岩粉、硅砂、钾化石、纯碱、芒硝等原料，按一定比例配制，经熔窑高温熔融，再经过垂直引上法或平拉法、压延法生产出来的。普通平板玻璃的厚度规格有 2mm、3mm、4mm、5mm、6mm。

2．浮法玻璃

浮法玻璃是将玻璃溶液流入锡槽，漂浮在相对密度大的锡液表面，在重力和表面张力作用下，玻璃液在锡液上铺开、摊平，冷却硬化后脱离锡槽，再经退火切割而成。浮法玻璃表面相较于普通平板玻璃平整光滑、厚度均匀，透明度更高。浮法玻璃种类繁多，其中超白浮法玻璃主要应用于建筑门窗、玻璃家具、仿水晶制品等。浮法玻璃的厚度规格有 3mm、4mm、5mm、6mm、8mm、10mm、12mm。

3.4.2 安全玻璃

1．钢化玻璃

钢化玻璃是普通平板玻璃经过再加工处理而制成的一种预应力玻璃。钢化玻璃相对于平板玻璃抗弯、抗压性强，当钢化玻璃受外力作用破碎时呈钝状颗粒，避免了对人体造成严重伤害的可能，具有安全性好、强度高（同等厚度的钢化玻璃抗冲击强度是普通玻璃的 3～5 倍，抗弯强度是普通玻璃的 3～5 倍）、热稳定性良好（能承受的温差是普通玻璃的 3 倍，可承受 300℃的温差变化）等特点，常见的厚度规格有 5mm、8mm、10mm、12mm。钢化玻璃可生产制作为平面和曲面两种，常作为室内空间隔断使用，如图 3.33 所示。

图 3.33　钢化玻璃隔断

2．夹丝玻璃

夹丝玻璃又称防碎玻璃。它是将普通平板玻璃加热到红热软化状态时，再将预热处理过的铁丝或铁丝网压入玻璃中间而制成。随着工艺水平的提高，平板玻璃中可夹入其他材料或图案，装饰效果如图 3.34 所示。它的特性是强度高、防火性优越，可遮挡火焰，高温燃烧时不炸裂，破碎时不会造成碎片伤人。另外夹丝玻璃还有防盗性能，主要用于屋顶天窗、阳台窗、背景墙、隔断、屏风等。

常见的夹丝玻璃厚度有 4mm+4mm、5mm+5mm、6mm+6mm、8mm+8mm 等，规格尺寸一般不小于 600mm × 400mm，不大于 2000mm × 1200mm。

图 3.34　夹丝玻璃及装饰效果

3.4.3　节能玻璃

1. 吸热玻璃

吸热玻璃又称有色玻璃，指加入彩色艺术玻璃着色剂后呈现不同颜色的玻璃。有色玻璃能够吸收太阳可见光，减弱太阳光的强度。有色玻璃的颜色和厚度不同，对太阳辐射热的吸收程度也不同。有色玻璃在很多地方都有应用，如建筑物外墙（图 3.35）、汽车车窗等，太阳眼镜的镜片也是有色玻璃。

2. 热反射玻璃

热反射玻璃又称阳光控制镀膜玻璃（图 3.36），是一种对太阳光具有反射作用的镀膜玻璃，通常是采用物理或化学方法在优质浮法玻璃的表面镀一层或多层金属或金属氧化物薄膜而制成的，其膜色使玻璃呈现丰富的色彩。其原理是通过镀膜对波长范围为 350～1800nm 的太阳光产生一定的控制作用，按需要的比例控制太阳直射的反射、透过和吸收。热反射玻璃有金色、茶色、蓝色、灰色、紫色、褐色、青铜色和不锈钢色等。

图 3.35　吸热玻璃

图 3.36　热反射玻璃

3．中空玻璃

中空玻璃是一种良好的隔热、隔声、美观实用、可降低建筑物自重的新型建筑材料。它是用两片（或三片）玻璃，使用高强度、高气密性复合黏接剂，将玻璃片与内含干燥剂的铝合金框架黏接而制成的高效能隔声、隔热玻璃。中空玻璃主要用于需要采暖、空调、防止噪声或结露，以及需要无直射阳光和特殊光的建筑物上；广泛应用于住宅、饭店、宾馆、办公楼、学校、医院、商店等需要室内空调的场合，也可用于火车、汽车、轮船、冷冻柜的门窗等处。

中空玻璃可采用 3mm、4mm、5mm、6mm 厚度原片玻璃，空气层厚度可采用 6mm、9mm、12mm 间隔。图 3.37 所示为双层中空玻璃的剖面图。

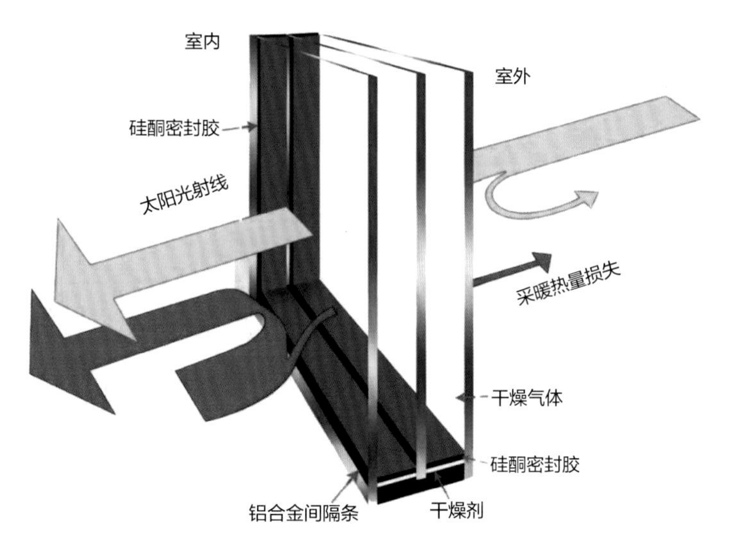

图 3.37　双层中空玻璃的剖面图

3.4.4　结构玻璃

1．玻璃幕墙

玻璃幕墙是指由支承结构体系可相对主体结构有一定位移能力、不分担主体结构所受作用的建筑外围护结构或装饰结构。其按结构可分为框架支撑玻璃幕墙（明框或隐框）、全玻幕墙、点支撑玻璃幕墙、单元式幕墙。玻璃幕墙具有透光性好，室内自然采光强的特点，广泛应用于建筑物外墙装饰。

2．空心玻璃砖

空心玻璃砖是由石英砂、纯碱、石灰石等硅酸盐无机矿物质原料经高温熔化而成的透明材料。由于空心玻璃砖由两块半坯在高温下熔接而成，中间是密闭的腔体并且存在一定的微负压，所以它具有透光、不透明、隔声、热导率低、强度高、耐腐蚀、保温、防潮等特点。空心玻璃砖常见规格为 190mm × 190mm × 80mm，小砖规格为 145mm × 145mm × 80mm，厚砖规格为 190mm × 190mm × 95mm、145mm × 145mm × 95mm，特殊规格为 240mm × 240mm × 80mm、190mm × 90mm × 80mm。图 3.38 所示为空心玻璃砖隔墙。

图 3.38　空心玻璃砖隔墙

3.4.5　装饰玻璃

1. 压花玻璃

压花玻璃又称花纹玻璃或滚花玻璃，是采用压延法制造的平板玻璃。光线通过玻璃时产生折射，具有透光不透形的特点。压花玻璃分为普通压花玻璃、真空镀膜压花玻璃和彩色膜压花玻璃。压花玻璃的透视性，因距离、花纹的不同而各异，常见厚度为 3～12mm。图 3.39 所示为压花玻璃隔断。

图 3.39　压花玻璃隔断

2. 磨（喷）砂玻璃

磨砂玻璃(图 3.40)又称毛玻璃，是经研磨、喷砂加工，使表面成为均匀粗糙的平板玻璃。用硅砂、金刚砂或刚玉砂等作为研磨材料，加水研磨制成的称为磨砂玻璃；用压缩空气将细砂喷射到玻璃表面制成的，称为喷砂玻璃。磨(喷)砂玻璃具有透光不透明的特点，可用于表现界定区域却互不封闭的室内空间装饰。

图 3.40 磨砂玻璃

3. 彩色玻璃

彩色玻璃(图 3.41)是在玻璃溶液中加入混合颜料或者将颜料烘焙在玻璃表面制造而成。彩色玻璃在室内空间中使用由来已久，早期西方教堂多采用彩色玻璃装饰。

4. 镶嵌玻璃

镶嵌玻璃(图 3.42)是利用各种金属嵌条、中空玻璃密封胶等材料将钢化玻璃、浮法玻璃和彩色玻璃等，经过雕刻、磨削、碾磨、焊接、清洗、干燥、密封等工艺制造而成。

图 3.41 彩色玻璃

图 3.42 镶嵌玻璃

5. 烤漆玻璃

烤漆玻璃(图 3.43)又称背漆玻璃，分为平面烤漆玻璃和磨砂烤漆玻璃。烤漆玻璃具有独特的表现力，可以通过喷涂、滚涂、丝网印刷或者淋涂等方式来体现。

烤漆玻璃的应用范围有：玻璃台面、玻璃形象墙及背景墙、私密空间、店面内部或外部空间设计等。

图3.43　烤漆玻璃

6．玻璃马赛克

玻璃马赛克又称玻璃锦砖或玻璃纸皮砖。它是一种小规格的彩色饰面玻璃，主要用于墙体或地面装饰，外形及使用方法与陶瓷马赛克相似，其色彩丰富、花色繁多，易于施工，铺贴时可搭配不同颜色，以获得丰富的装饰效果。

玻璃马赛克由天然矿物质和玻璃粉制成，是一种杰出的环保建材。它耐酸碱、耐腐蚀、不褪色，是最适合装饰卫浴房间墙面或地面的建材。

3.5　金属类

金属材料具有耐久性好、施工方便、不燃烧等优点，适用于室内外墙面、柱面装饰。常见的金属类装饰材料有不锈钢材、钢材、铝材、铜材4类。

3.5.1　不锈钢材

1．不锈钢板

不锈钢是以铬元素为主要元素的合金钢，其耐腐蚀性、韧性和可焊性随含铬量的增加而提高。不锈钢板包括不锈钢镜面板、雾面不锈钢板、不锈钢板拉丝板、不锈钢蚀刻板。

不锈钢镜面板又称镜面板，用研磨液通过抛光设备在不锈钢板面上进行抛光，使板面光度像镜子一样清晰，主要用在建筑装潢，电梯装潢、工业装潢、设施装潢等不锈钢系列产品。

雾面不锈钢板是指冷轧后经热处理、酸洗处理，再以精轧加工使表面适度光亮。

不锈钢拉丝板表面是亚光的，仔细看上面有一丝一丝的纹理，但是摸不出来，比一般亮面的不锈钢耐磨，看起来更上档次。不锈钢拉丝板在建筑行业的应用如踢脚线（图 3.44）、电梯门板、合页、把手、锁具饰板、抽油烟机、不锈钢灶具等。

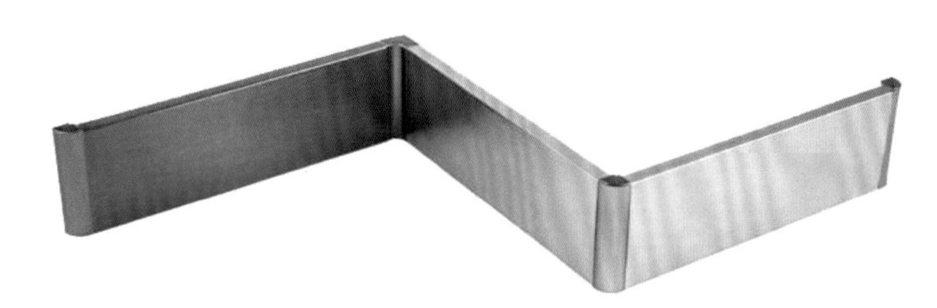

图 3.44 不锈钢踢脚线

不锈钢蚀刻板是在不锈钢表面通过化学方法，腐蚀出各种花纹图案。以 8K 镜面板、拉丝板、喷砂板为底板进行蚀刻处理后，对物体表面再进行深加工，不锈钢蚀刻板可进行局部的和纹、拉丝、嵌金等工艺处理。

2. 彩色不锈钢

彩色不锈钢既具有金属特有的光泽和强度，又具有色彩纷呈、经久不变的颜色。它不仅保持了原色不锈钢的物理、化学、机械性能，而且比原色不锈钢具有更强的耐腐蚀性能，可用作装饰板、隔断、装饰条（图 3.45）等。

图 3.45 彩色不锈钢装饰条

3.5.2 钢材

1. 彩色涂层钢板

彩色涂层钢板是指在镀锌钢板、镀铝钢板、镀锡钢板或冷轧钢板表面涂覆彩色有机涂料或薄膜的钢板。它一方面可保护金属，另一方面起到了装饰的作用。钢板涂层可分有机涂层、无机涂层和复合涂层 3 种，其中有机涂层钢板的发展最快。有机涂层可以配制各种不同色彩和花纹，故称为彩色涂层钢板。彩色涂层钢板具有耐污染性、耐热性、耐低温性、耐沸水性等特点。彩色涂层钢板主要用于建筑外装饰（屋顶、墙壁），建筑内装饰（内墙壁、天花板、隔板）及建筑附属品（窗板、招牌）的装饰。它具有质轻、高强度、色泽丰富、施工方便、防火、防雨、使用寿命长、免维修等特点，现已被逐渐推广应用。

2. 彩色压型钢板

彩色压型钢板（图 3.46）是指冷轧板、镀锌板、彩色涂层板等不同类别的薄钢板，经辊压、冷弯其截面形成的呈 V 形、U 形、梯形或类似这几种形状的波形压型板。它广泛用于工业与民用建筑及公共建筑的内外墙面、屋面、顶棚等装饰。

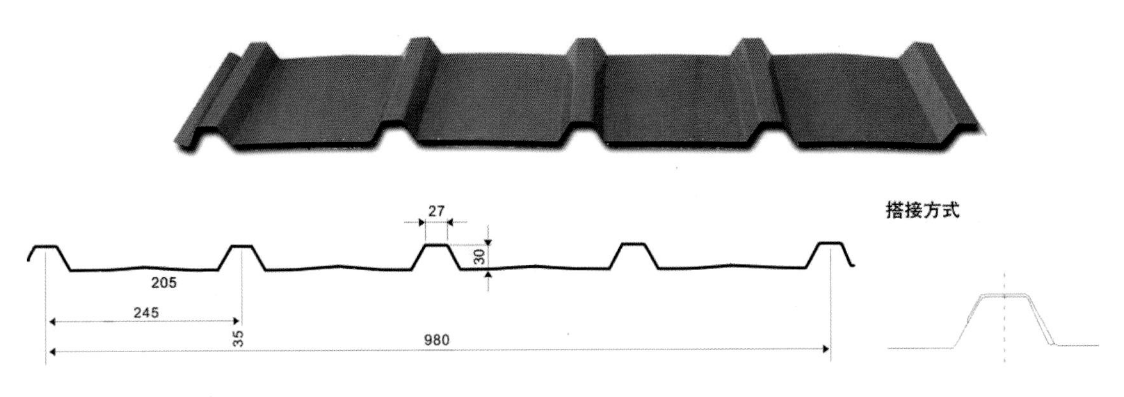

图 3.46　彩色压型钢板

3.5.3 铝材

1. 铝扣板

铝扣板是以铝合金板材为基底，经过开料、剪角、模压等工艺制造而成。它具有质轻、耐水、耐腐蚀、易安装、施工快捷等优点，主要用于顶棚装饰（图 3.47）。家装常用规格有 300mm × 300mm、300mm × 450mm、300mm × 600mm，工程常用规格有 600mm × 600mm、800mm × 800mm、300mm × 1200mm、600mm × 1200mm。

图 3.47　铝扣板吊顶

2. 铝挂片

铝挂片是以铝合金为主要材料，经过切割、辊压、喷涂等工艺制造而成的，具有外形丰富、搭配灵活、结构简单、易装易卸等优点。它与卡式龙骨结构配合，主要用于人流密集的公共场所，如地铁、展馆、商场、机场、医院、办公楼等开放式空间。图 3.48 所示为铝挂片吊顶结构示意。

3. 铝方通

铝方通是经过连续滚压或冷弯成型制造而成的，表面可做仿木纹处理，配合专用龙骨卡扣式结构，适用于室内顶棚（图 3.49）、墙面装饰。铝方通的厚度规格有 70mm、100mm、150mm、200mm、250mm、300mm，长度一般为 6m。

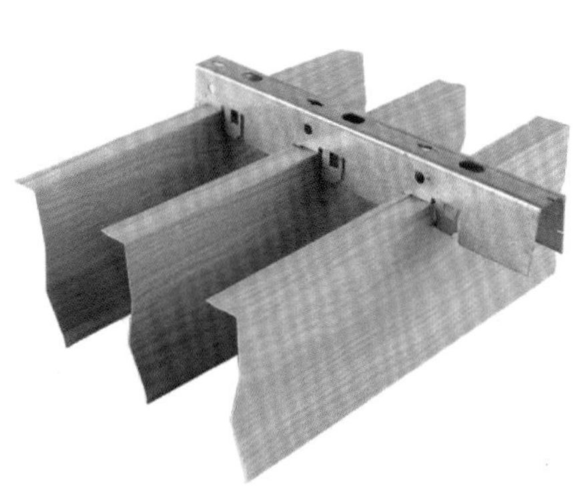

图 3.48　铝挂片吊顶结构示意

图 3.49　铝方通吊顶

4. 穿孔铝板

穿孔铝板是用纯铝或铝合金材料通过压力（剪切或锯切）加工制成，横断面为矩形，厚度均匀的矩形材料。它具有质量轻、防火、耐久性好、施工方便、装饰效果佳等优点，适用于公共建筑室内外墙面和柱面的装饰。其中，铝合金微孔吸音板可用于对声音环境要求较高的室内空间（如会议厅、体育馆等）的顶棚及墙面，如图 3.50 所示。

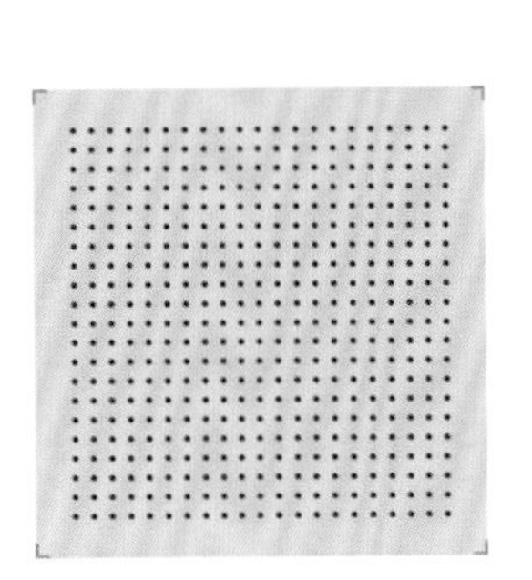

图 3.50　穿孔铝板及应用

5. 铝塑板

铝塑板是由高纯度铝片和塑料经高温、高压复合而成的板材，色彩丰富，主要用于外墙、帷幕、室内墙壁及顶棚，同时也可作为广告招牌、展示台架等饰面材料。木纹铝塑板墙面的装饰效果如图 3.51 所示。

图 3.51　木纹铝塑板墙面的装饰效果

3.5.4 铜材

铜是一种坚韧、柔软、富有延展性的紫红色而有光泽的金属，在其中加入锌、锡等元素便形成铜合金装饰材料。铜合金制品有铜艺拉手、合页、龙头、复合地板铜嵌条等，如图 3.52 所示。

图 3.52 铜合金制品

3.6 塑料类

建筑塑料具有质轻、绝缘、耐腐、耐磨、绝热、隔声及易加工成型等优良性能，集金属的坚硬性、木材的轻便性、玻璃的透明性、陶瓷的耐腐蚀性、橡胶的弹性和韧性于一体。但建筑塑料耐热性较差、热膨胀系数大、易变形，长期受日光和大气作用易发生老化。常用的建筑塑料有塑料地板、塑料墙纸、塑料装饰板等。

3.6.1 塑料地板

塑料地板是以高分子合成树脂为主要原料，加入其他辅助材料，经一定的工艺制造而成的。塑料地板按其基本原料可分为聚氯乙烯（PVC）塑料地板、聚丙烯（PP）树脂塑料地板、聚乙烯（PE）塑料地板；按生产工艺可分为压延法、热压法、注射法；按其材质可分为硬质（块状）、半硬质片材和软质（卷材）；按其外形可分为块材地板和卷材地板，适用于医院、办公室、商场、展厅地面装饰。PVC 卷材地板的规格一般为宽度1800mm、2000mm；长度 20 米 / 卷、30 米 / 卷；厚度 1.5mm（家用）、2.0mm（公共建筑用）。PUV 地板铺地的效果如图 3.53 所示。

图 3.53　PVC 地板铺地的效果

3.6.2　塑料墙纸

塑料墙纸是以一定性能材料为基材，在其表面进行涂塑，再经过印花、压花、发泡等工艺而制成的墙面装饰材料，具有装饰效果好、耐污、易除尘、耐光、使用寿面长、易施工等优点。由于施工时采用胶剂黏合方式，胶剂中含有有害物质，故施工后不宜马上使用。塑料墙纸可分为普通塑料墙纸、发泡塑料墙纸（图 3.54）和功能性墙纸。

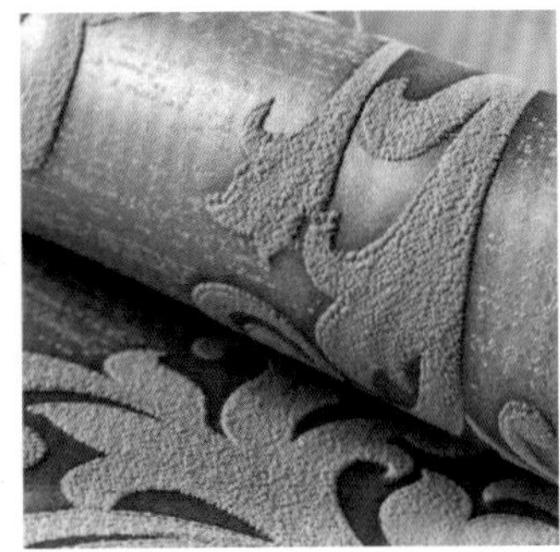

图 3.54　发泡塑料墙纸

1. 普通塑料墙纸

普通塑料墙纸以 80～100g/m^2 的纸为纸基，表面涂敷 100g/m^2 的 PVC 树脂。表面装饰方法可为印花、压花或印花与压花结合。

2．发泡塑料墙纸

与普通塑料墙纸相比，发泡塑料墙纸具有松软厚实等特点，表面可印有多种图案。发泡墙纸可分为高发泡印花和低发泡印花等品种。高发泡印花墙纸表面是一种装饰兼吸音的多功能墙纸，常用于电影院、歌剧院及住宅等的天花板装饰。低发泡印花墙纸图案逼真、立体感强，适用于室内墙裙、客厅和走廊的装饰。

3．功能性墙纸

常用的功能性墙纸有耐水墙纸、防火墙纸、彩色砂粒墙纸、风景壁画墙纸等。耐水墙纸是用玻璃纤维毡为基材，以适应卫生间、浴室等墙面的装饰。防火墙纸具有一定的阻燃、防火性能，适用于防火要求较高的建筑物和木板面装饰。彩色砂粒墙纸是在基材上散布彩色砂粒，再喷涂胶结剂，使其表面具有砂粒毛面，一般适用于门厅、柱头、走廊等局部装饰。

常见的塑料壁纸规格有：窄幅小卷，幅宽530～600mm，长10～12m，每卷5～6m^2；中幅中卷幅宽760～900mm，长25～50m，每卷25～45m^2；宽幅大卷，幅宽920～1200mm，长50m，每卷46～50m^2。

3.6.3 塑料装饰板

塑料装饰板按结构和断面形式可分为平板、波形板、实体异型断面板、中空异型断面板、格子板、夹心板等类型；按原材料的不同可分为铝塑板（参见本书3.5.3节）、硬质PVC板、玻璃钢、聚碳酸酯采光板、亚克力等类型。

1．硬质PVC板

硬质PVC板主要适用于护墙板、屋面板和平顶板，是一种开发较早的高分子材料。它具有较好的透明性、化学稳定性和耐候性，易染色、易加工、外观平整光滑，如图3.55所示。

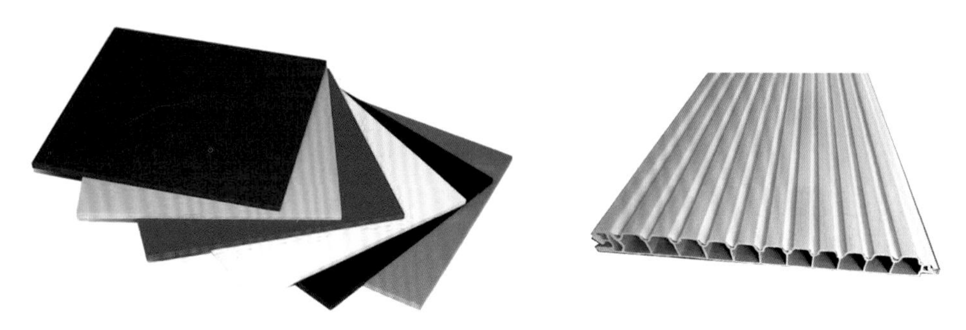

图3.55 硬质PVC板

硬质 PVC 板有透明和不透明两种。透明板是以 PVC 为基料，掺入增塑剂、抗老化剂，经挤压而成型。不透明板是以 PVC 为基材，掺入填料、稳定剂、颜料等，经捏和、混炼、拉片、切粒、挤出或压延而成型。

2．玻璃钢

玻璃钢即纤维强化塑料，一般指用玻璃纤维增强不饱和聚酯、环氧树脂与酚醛树脂为基体，以玻璃纤维或其制品作为增强材料的增强塑料。玻璃钢制品具有良好的透光性和装饰性，强度高、质量轻，成型工艺简单灵活，具有良好的耐化学腐蚀性和电绝缘性，且耐湿、防潮。图 3.56 所示为两款玻璃钢座椅。

图 3.56　两款玻璃钢座椅

3．聚碳酸酯采光板

聚碳酸酯采光板（图 3.57）是以聚碳酸酯塑料为基材，采用挤出成型工艺制造而成的栅格状中空结构异型断面板材。常用的幅面规格为 5800mm × 1210mm。聚碳酸酯采光板的特点为轻薄、刚性大、不易变形，色调多，外观美丽，透光性好、耐候性好，适用于遮阳棚、大厅采光天幕、游泳池和体育场馆的顶棚等。

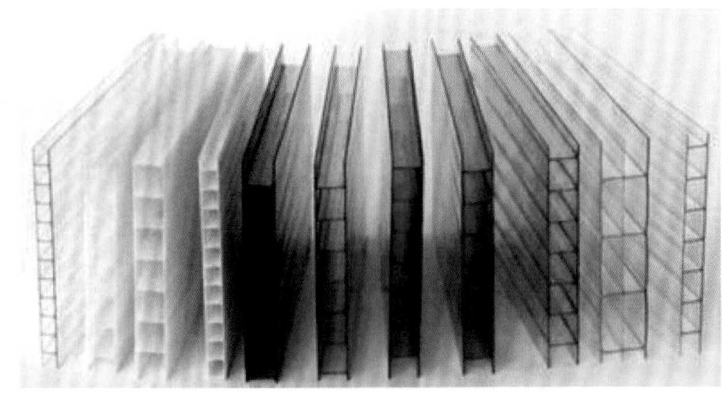

图 3.57　聚碳酸酯采光板

4．亚克力

亚克力又称有机玻璃。亚克力板的透明度可达 92%，被誉为“塑胶水晶”。它的表面硬度高、光泽度好、色彩丰富、透明度高、质量轻、经济；加工可塑性大，易于成型，可制成各种形状。亚克力板及装饰效果如图 3.58 所示。

图 3.58 亚克力板及装饰效果

3.7 纤维织品类

纤维织品根据使用环境与用途的不同，可分为地面装饰、墙面贴饰、挂帷遮饰、家具覆饰、床上用品、纤维工艺品等。室内装饰纤维织品主要包括地毯、墙布、窗帘、台布、沙发及靠垫等。纤维织品的色彩、质地、柔软性及弹性等均会对室内的质感、色彩及整体装饰效果产生直接影响。

3.7.1 地面装饰

地面装饰类纤维织品是指软质的铺地材料，如地毯。地毯是一种以棉、麻、毛、丝、草纱线等天然纤维或化学合成纤维为原料，经手工或机械工艺进行编结、栽绒或纺织而成的地面铺设物。地毯广泛用于住宅、宾馆、酒店、会议室、娱乐场所、体育馆、展览厅、车辆、船舶、飞机等的地面，具有减少噪声、隔热和装饰作用，还可以改善脚感、防止滑倒、防止空气污染。

地毯按表面纤维形状可分为圈绒地毯、割绒地毯和圈割地毯；按编制工艺可分为手工地毯和机织地毯；按材质可分为纯毛地毯、混纺地毯、化纤地毯，如图 3.59 所示。

纯毛地毯

混纺地毯

化纤地毯

图3.59　不同材质的地毯

1．纯毛地毯

纯毛地毯一般以绵羊毛为原料制成。纯毛地毯的手感柔和、拉力大、弹性好、图案优美、色彩鲜艳、质地厚实、脚感舒适，并具有抗静电性能好、不易老化、不易褪色等特点。但纯毛地毯的耐菌性、耐虫蛀性和耐潮湿性较差，价格昂贵，多用于高级客房、酒店、会客厅、接待室、别墅等地面的铺设。

2．混纺地毯

混纺地毯是在纯毛纤维中加入一定比例的化学纤维制成的地面铺设材料。因混纺地毯中掺有合成纤维，故价格较低。这种地毯在图案花色、质地和手感等方面与纯毛地毯差别不大，但克服了纯毛地毯易受虫蛀、易腐蚀、易霉变的缺点，同时提高了地毯的耐磨性能，大大提高了地毯的性价比。

3．化纤地毯

化纤地毯是以绵纶、丙纶、腈纶、涤纶等化学纤维为原料，用簇绒法或机织法加工成纤维面层，再与麻布底缝合成的地毯，也称合成纤维地毯。这种地毯耐磨性好、富有弹性，防污、防虫蛀，且价格较低，适用于一般建筑物的地面铺设。

3.7.2　墙面贴饰

墙面贴饰类纺织品泛指装饰墙布，也叫墙布。墙布具有吸音、隔热、调节室内湿度与改善环境的作用，其装饰效果如图 3.60 所示。常见的墙布有棉纺装饰墙布、无纺贴墙布、化纤装饰贴墙布 3 种。

图 3.60 墙布的装饰效果

1. 棉纺装饰墙布

棉纺装饰墙布是用纯棉平布经过印花工艺，涂以耐磨树脂制造而成的，其特点是墙布强度大、静电小、无味、无毒、吸音、花型色泽美观大方，可用于宾馆、饭店及其他公共建筑和较高级的民用建筑中的室内墙面装饰，可在砂浆、混凝土、石膏板、胶合板、纤维板等多种基层上使用。

2. 无纺贴墙布

无纺贴墙布采用天然植物纤维无纺工艺制造而成，具有拉力强、环保、不发霉、透气性好等特点，适用于各种建筑物内墙装饰。

3. 化纤装饰贴墙布

化纤装饰贴墙布是将腈纶、涤纶、丙纶等化纤材料经过合成和印花工艺制造而成的，具有无毒、无味、透气、防潮、耐磨等特点，适用于各种建筑物内墙装饰。

3.7.3 挂帷遮饰

挂帷遮饰类纺织品包括窗纱、窗帘、帷幕等实用织物。其功能是能够减少强烈阳光对室内物品曝晒的影响，有效降低环境噪声，能够分隔空间，有利于进行室内温度调节，起到防寒保暖或防暑隔热的作用。由于其图案丰富多彩，也是不错的室内装饰点缀品。

挂帷遮饰类纺织品常挂置于门、窗、墙面、顶棚等部位，可用作分割室内空间的屏障，具有隔声、遮蔽、美化环境等作用。常用的挂帷遮饰类纺织品有薄型窗纱，中、厚型窗帘，垂直帘，卷帘，帷幔等，如图 3.61 所示。

图 3.61　常用的挂帷遮饰类纺织品

3.7.4　家具覆饰

家具覆饰类纺织品是覆盖于家具上的织物，具有保护和装饰的双重作用，主要有沙发布、沙发套、椅垫、椅套、台布、台毯等。家具覆饰类纺织品根据织物外观可以分为提花织物、起绒织物、花式纱织物、植绒织物和涂塑织物等。家具覆饰和地面装饰搭配如图 3.62 所示。

图 3.62　家具覆饰和地面装饰搭配

3.7.5 床上用品

床上用品是家用装饰织物最主要的类别，具有舒适、保暖、协调并美化室内环境的作用。床上用品包括床垫套、床单、床罩、被子、被套、枕套、毛毯等。

3.7.6 纤维工艺品

纤维工艺品是以天然的动、植物纤维（丝、毛、棉、麻）或人工合成的纤维为材料，用编结、环结、缠绕、缝缀、粘贴等多种制作手段，创造平面或立体形象的一种艺术。这类织物有主要用于装饰墙面，为纯欣赏性的织物，如平面挂毯、立体型现代艺术壁挂等，如图 3.63 所示。

图 3.63 纤维工艺品

3.8 涂料类

涂料是涂覆装饰物表面形成牢固附着的连续薄膜，起装饰和保护作用。按所用的稀释剂涂料可分为水性涂料、溶剂型涂料和乳液型涂料；按建筑物上的使用部位可分为墙面涂料、地面涂料、顶棚涂料、木器漆和屋面防水涂料等；按其特殊功能可分为防火涂料、防水涂料、防腐涂料、保温涂料、防霉涂料、弹性涂料。

3.8.1 墙面涂料

1. 外墙涂料

外墙涂料主要用于建筑外墙的装饰和保护，具有漆膜硬、抗紫外线照射、抗水、抗老化、抗冻等优点。外墙涂料既适用于建筑外墙，也可用于卫生间等潮湿的地方。常见外墙涂料分为外墙乳胶漆（图 3.64）和立体质感涂料，其中立体质感涂料包括真石漆（图 3.65）、仿石漆、理石漆、岩片漆等，可以施工于混凝土、砖砌墙、水泥石膏板等的表面。

图 3.64 外墙乳胶漆

图 3.65 外墙真石漆饰面

2. 内墙涂料

内墙涂料的主要功能是装饰及保护内墙和顶棚，具有品种多样、色彩丰富、质地平滑等特性，可以满足不同室内空间墙的装饰要求。内墙涂料分为以下几种。

（1）低档水溶性涂料

低档水溶性涂料是将聚乙烯醇溶解在水中，再加入颜料等其他助剂调制而成。常见的有 106 涂料、803 涂料，无毒、无臭、易于施工。这类涂料属于水溶性涂料，用湿布擦拭后会留下痕迹，耐久性较差，多用于中低档室内墙面装饰工程。

（2）乳胶漆

乳胶漆是有机涂料的一种，是以合成树脂乳液为基料加入颜料、填料及各种助剂配制而成的一类水溶性涂料（用水作为溶剂或分散介质的涂料），也称合成树脂乳液涂料。

乳胶漆的特点是成膜速度快、遮蔽性强、干燥速度快、耐洗刷性、绿色环保。

（3）多彩涂料

多彩涂料的成膜物质是硝基纤维素，在喷涂时可构成不同颜色的纹理，具有细腻、光亮、浓艳、无味等特性，适用于住宅、酒店、办公楼的内墙、天花板、石膏板装饰。

（4）液体墙纸漆

液体墙纸漆是一种满足个性化需求的墙面涂料，颜色多种多样，绿色环保，耐擦、耐候性都较强，施工时必须使用专用模具，如图 3.66 所示。

（5）新型泥类粉末涂料

常见的新型泥类粉末涂料有硅藻泥（图 3.67）、海藻泥等，这类产品的环保性很高，容易运输和储存便利，施工时必须使用专用模具。

图 3.66　液体壁纸漆

图 3.67　硅藻泥

3.8.2　地面漆

地面漆是专门用于地面美化和保护的油漆，具有耐磨、耐腐蚀、防潮、防水等优点。通常直接涂刷于地面，适用于多数公共建筑地面装饰，不适用于住宅地面使用。

1．聚氨酯地坪漆

聚氨酯地坪漆是环氧地坪漆的一种，主要成分是聚氨酯，相较于环氧地坪漆更具柔韧性，适用于室内外场地，如图 3.68 所示。

2．环氧树脂自流平

环氧树脂自流平主要是由环氧树脂加优质固化剂等混合而成的，具有良好的耐磨性，表面平滑、美观，适用于工厂、医院、商场、球场、地下停车场等室内场所使用，如图 3.69 所示。

图 3.68　聚氨酯地坪漆

图 3.69　环氧树脂自流平

3.8.3 木器漆

木器漆是指涂刷于木制品的表面起防护木制品开裂、变形、发霉作用的涂漆，有聚酯、聚氨酯漆等，可分为水性和油性两种。按其光泽度可分为高光漆、半哑光漆、哑光漆；按其用途可分为家具漆、地板漆等。

1. 硝基清漆

硝基清漆是一种由硝化棉、醇酸树脂、增塑剂及有机溶剂调制而成的透明漆，属于挥发性油漆，具有干燥快、光泽柔和等优点。硝基清漆分为高光漆、半哑光漆和哑光漆 3 种，其主要缺点有高湿天气易泛白、丰满度低、硬度低等。

2. 手扫漆

手扫漆与硝基清漆同属于硝基漆，是由硝化棉、各种合成树脂、颜料及有机溶剂调制而成的一种非透明漆。

3. 聚酯漆

聚酯漆是以聚酯树脂为主要成膜物调制而成的一种厚质漆。聚酯漆的漆膜丰满、层厚面硬。聚酯漆同样有清漆品种，叫聚酯清漆。聚酯漆在施工过程中需要进行固化，固化剂的比例占油漆的 1/3。

4. 聚氨酯漆

聚氨酯漆即聚氨基甲酸酯漆，它的漆膜强韧，光泽丰满，附着力强，耐水、耐磨、耐腐蚀，被广泛用于高级木器家具，也可用于金属表面。其缺点是在潮湿环境易起泡、漆膜粉化等；与聚酯漆一样，也存在变黄问题。

3.9 其他类

3.9.1 硅钙板

硅钙板（石膏吸音板）是由天然石膏粉、白水泥、胶水、玻璃纤维复合而成，又称石膏复合板，具有防腐、防潮、防火、隔热、吸音、环保等特性，属于 A 级不燃材料，适用于宾馆、办公室、健身房、店面等对吸音要求较高的室内空间顶棚装饰，如图 3.70 所示。常见规格有 595mm × 595mm、603mm × 603mm，1200mm × 600mm、300mm × 300mm、300mm × 600mm，厚度有 9mm、12mm、15mm。

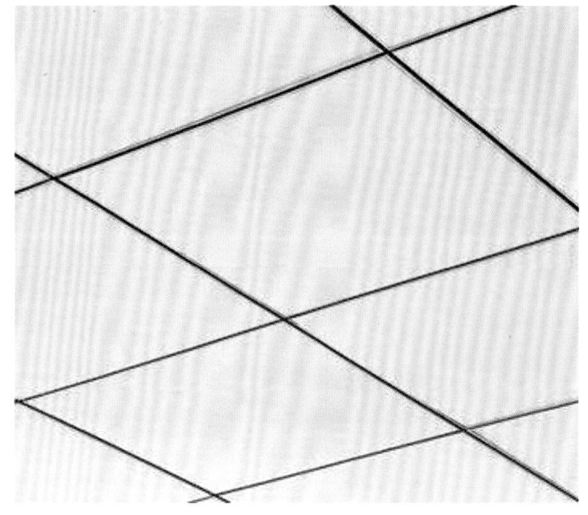

图 3.70 硅钙板吊顶

3.9.2 矿棉吸音板

矿棉吸音板是一种以矿棉为主要原材料，具有显著吸音性能的饰面材料。其表面加工出各种精美的花纹和图案，装饰性能好。矿棉对人体无害，材料可回收，是一种健康环保、可循环利用的绿色建筑材料，适用于办公楼、医院、教学楼等对吸音要求较高的室内空间顶棚装饰，如图 3.71 所示。

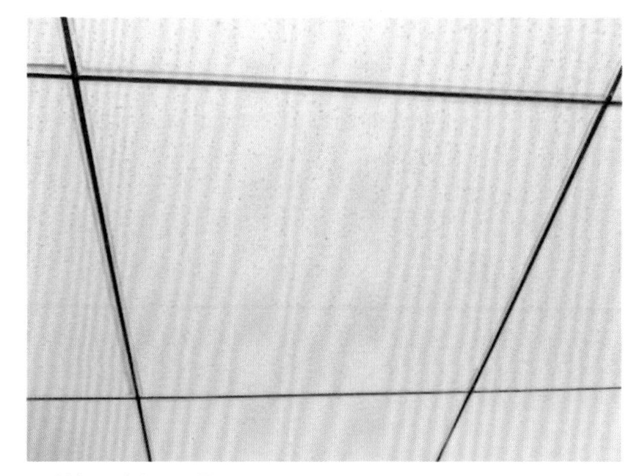

图 3.71 矿棉吸音板吊顶

3.9.3 埃特板

埃特板又称纤维水泥板，是一种纤维增强的硅酸盐平板，其主要原材料是水泥、植物纤维和矿物质，经流浆法高温蒸压而成，具有防火、防潮、防水、隔声效果好、环保、安装快捷、使用寿命长等优点，为 A 级不燃材料，常用于室内外顶棚、墙面装饰，也可以替代石膏板作为基材使用。埃特板及墙面装饰效果如图 3.72 所示。

图 3.72　埃特板及墙面装饰效果

3.9.4　玻璃纤维增强石膏

玻璃纤维增强石膏（GlassFiber Reinforced Gypsum，GRG）是一种特殊改良纤维石膏装饰材料，可依工程需要转化成任意造型，质量轻、强度高、可塑性强、吸音效果好，是目前国际上最流行的新一代装饰材料。GRG 空间装饰效果如图 3.73 所示。

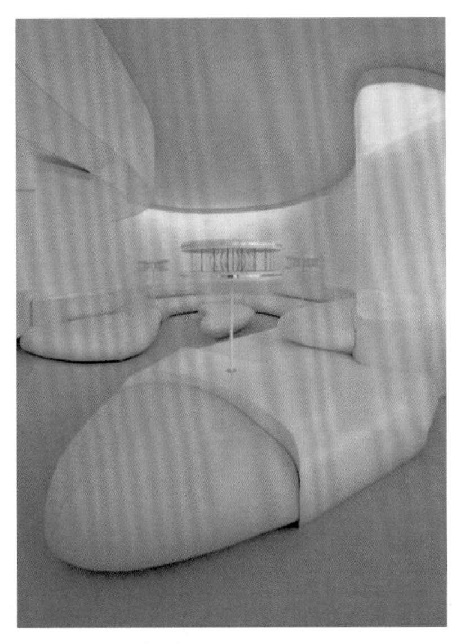

图 3.73　GRG 空间装饰效果

单元训练和作业

1. 作业内容

收集空间设计图片，依据空间设计整体格调，解析搭配主要装饰材料，从而巩固饰面材料知识要点。

2. 课题要求

对室内装饰空间效果图或实景图，进行饰面材料标注。在A3图纸上完成材料物料板制作。

课题时间：16～24课时。

教学方式：启发式教学法、多媒体教学法、实例教学法。

要点提示：材料选取要合理搭配。

教学要求：通过分析效果图或实景图，选择适当的装饰材料以符合图片呈现的最终效果。

训练目的：赏析已有案例，提升审美能力及材料选择与搭配能力。

3. 其他作业

根据住宅户型图设计完成两种天花、两套地面、两种背景墙的材料搭配。

4. 思考题

(1) 简述室内装修材料与构造的概念、定义与范围。
(2) 室内装修材料与构造设计的表现特征、研究方法与目的是什么?
(3) 如何运用材料与构造设计的技术美、材质美和色彩美?

5. 相关知识链接

(1) 阅读《混材设计学》(漂亮家居编辑部编写，江苏凤凰科学技术出版社)，该书从木材、石材、砖材、水泥、环氧树脂、金属几大类入手，涵盖运用趋势、特色解析、不同材料搭配指南、收边技巧、空间应用展示、合理的计价建议等内容，系统地介绍了材料混搭的方法和风格。可以根据自己的喜好、需求、预算等，寻找合适的混搭方式，打造心中理想的质感空间。了解室内设计的构成要素、设计方法等知识，让施工构造更好地为设计服务。

（2）阅读《识木：全球220种木材图鉴》（特里·波特著，洪健译，华中科技大学出版社），了解与各种木材的性能、安全性（缺陷与潜在危险）、干燥性、耐用性及典型用途。

第4章

装饰五金配件

要求与目标

要求：了解本章学习的基本内容和涉及的范围，并利用课余时间到材料市场调研，收集信息，填报材料表。

目标：通过本章的学习，要了解室内设计装饰五金配件的分类与组成，掌握不同施工五金配件的属性及施工工艺，并能够在实际工作中灵活应用。

内容框架

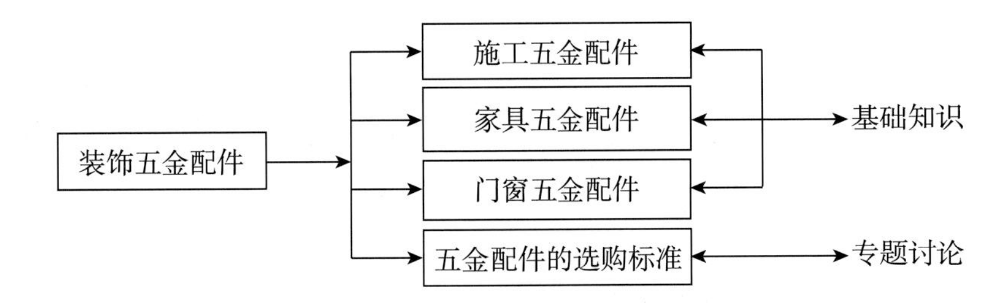

4.1 施工五金配件

五金类产品种类繁多，规格各异，但是五金类产品在家居装饰中又起着不可替代的作用，选择好的五金配件，可以使很多装饰材料使用起来更安全、便捷。目前，装饰材料市场所经营的五金类产品共有十余类上百种产品。施工五金配件由以下几部分组成：铰链、各类拉手、抽屉滑轨、移门、折门轨道及配件、其他各种辅助配件。

4.1.1 铰链

铰链又称合页，分为普通合页、弹簧铰链、大门铰链、其他铰链。

1. 普通合页

普通合页可以用于橱柜门、窗户、门等。普通合页从材质上可以分为铁质、铜质、不锈钢质，从规格上可以分为 2″（50mm）、2.5″（65mm）、3″（75mm）、4″（100mm）、5″（125mm）、6″（150mm）。其中，50～65mm 的铰链适用于橱柜、衣柜门，75mm 的适用于窗户、纱门，100～150mm 适用于大门中的木门、铝合金门。

普通合页的缺点是不具有弹簧铰链的功能，门板安装不牢固。合页的拆卸安装都很方便，因使用时受方向限制，故分左式和右式。

2. 弹簧铰链

弹簧铰链主要用于橱门、衣柜门，一般要求板厚度为 18～20mm。

根据其材质，弹簧铰链可以分为镀锌铁弹簧铰链、锌合金弹簧铰链。根据其性能，弹簧铰链可以分为不需打洞弹簧铰链、需打洞弹簧铰链。不需打洞弹簧铰链就是桥式铰链。桥式铰链的形状似一座桥，所以俗称桥式铰链。它的特点是不需要在门板上钻洞，而且不受式样限制。其规格有小号、中号、大号。需打洞弹簧铰链就是目前常用在橱柜门上的弹簧铰链。其特点是门板必须要打洞，门的式样受铰链限制，门关上后不会被风吹开，不需要再安装各种碰珠，其规格有 &26、&35。其中有可脱卸式定向铰链和不脱卸式无定向铰链之分。如格拉斯的 3703 全、3704 半等为脱卸式定向铰链，安装方便，拆卸灵活，门随意开到任何角度都能定位，使用寿命长。弹簧铰链按门板遮盖位置可分全盖（或称直臂、直弯），半盖（或称曲臂、中弯），内藏（或称大曲、大弯）。铰链附有调节螺钉，可以上下、左右调节板的高度、厚度，打洞那一面的两个螺丝固定孔距离一般为 32mm，直径边与板两边距离为 4mm（画图）。另外，弹簧铰链还有各种特殊规格，如内侧 45 度铰链、外侧 135 度铰链、开启 175 度铰链。例如，格拉斯 342 规格、393 规格、394 规格，有些适合板厚 30mm，如格拉斯 366 规格、368 规格，这些铰链大多是进口商品，因产品比较特殊，需求量不是很大。

3．大门铰链

大门铰链分普通型和轴承型。普通型前文已经讲过，现重点讲轴承型。轴承型从材质上可分铜质、不锈钢质，从规格上分为 100mm × 75mm、125mm × 75mm、150mm × 90mm、100mm × 100mm、125mm × 100mm、150mm × 100mm，厚度有 2.5mm、3mm，轴承有二轴承、四轴承。

从目前的消费情况来看，选用铜质轴承铰链较多，因其式样美观、亮丽，价格适中，并配备螺钉。

4．其他铰链

其他铰链有台面铰链、翻门铰链、玻璃铰链。

玻璃铰链用于安装无框玻璃橱门上，要求玻璃厚度为 5～6mm。若打洞，则具有弹簧铰链的一切性能。若不打洞，为磁吸式和上下顶装式，如磁性玻璃铰链等。

4.1.2 各类拉手

拉手分为两种：一种安装在大门上，为大门拉手；另一种安装在橱柜上，为家具拉手。大门拉手的螺丝正反对撬，门厚度为 12mm，适用于无框门，材质为铜、不锈钢、锌合金。家具拉手的材质为铜质、木质、锌合金、塑料，颜色形状各式各样，安装螺丝需在板上打洞，从反面穿过来固定，正面看不见螺丝；标准长度为 25mm，要求板厚度为 18～22mm，如遇到特殊需要，螺丝可长些，如 30～40mm。一般在介绍家具拉手时，一定要根据顾客的需求和意愿选择一些款式新颖、颜色搭配流行的商品。

4.1.3 抽屉滑轨

抽屉滑轨的功能和寿命取决于滑轨的材质，通常是铁质加烘漆或镀锌。常见的抽屉滑轨有托底式、二节半拉出三节全拉出钢珠式、二节半拉出三节全拉出托底式。其特点是滑轨隐藏在抽屉底部，经久耐用，滑动时无摩擦、无噪声，可自闭。

钢珠式抽屉滑轨的特点是滑动平顺，安装便捷，十分耐用；滑轨的特殊结构与精密钢珠配合保证了稳固性；可以直接装到侧板上或插接式安装或装入抽屉侧板的凹槽中（槽高17或4）。

4.1.4 移门、折门轨道及配件

众所周知，使用移门的最大优点在于节省室内空间，同时令室内布置独具匠心。移门安装简单，操作平滑、安静，所以，移门轨道是目前市场上比较受消费者欢迎的。折门在安装上与移门差不多，但使用率不是很高，所以重点介绍移门轨道。

移门轨道品牌很多，如北京的达美华、上海的佳顺等。移门轨道的材质有铝合金、镀锌钢；式样有插片式吊顶、侧面式吊顶、单轨、双轨。

4.2 家具五金配件

家具五金配件泛指家具生产、家具使用中需要用到的五金部件，如沙发脚、升降器、靠背架、弹簧、枪钉、脚码等具有连接、活动、紧固、装饰功能的金属制件，也称家具五金配件。家具五金配件的分类如下。

1. 按照材料分类

家具五金配件按照材料分类，可以分为锌合金、铝合金、铁、塑胶、不锈钢、PVC、ABS、铜、尼龙等。

2. 按照作用分类

家具五金配件按照作用分类，可以分为：结构型家具五金配件，如玻璃茶几的金属架构、洽谈圆桌的金属腿等；功能型家具五金配件，如骑马抽、铰链、三合一连接件、滑轨、层板托等；装饰型家具五金配件，如铝封边、五金挂件、五金拉手等。

3. 按照适用范围分类

家具五金配件按照适用范围分类，可以分为板式家具五金配件、实木家具五金配件、五金家具五金配件、办公家具五金配件、卫浴五金配件、橱柜家具五金配件、衣柜五金配件等。

4.3 门窗五金配件

门窗五金配件包括平开门、内平开窗、外平开窗、推拉门、推拉窗外开上悬窗、提升推拉门、内平开下悬窗五金配件等，还有把手、合页、插销、拉手、铰链、风撑、滑轮、门花、喉箍、锁盒、碰珠、月牙锁、多点锁、传动器、提拉器、闭门器、玻璃胶、三星锁等辅助五金配件。

4.3.1 窗五金配件的分类

1. 推拉窗

铝合金或塑钢推拉窗的导轨是在窗框型材上直接成型，滑轮系统固定在窗扇底部。推拉窗的滑动是否自如，不仅取决于滑轮系统的质量，而且与型材平直度和加工精度及窗框安装精度有关。积尘对轨道和滑轮的磨损也会影响推拉窗的开关功能。推拉窗的锁一般是插销式锁，这种锁会因为安装精度不高、积尘等原因而失效。推拉窗的拉手通常由插销式锁的开关部分代替，但也有高档推拉窗将窗扇型材做出一个弧形，起拉手的作用。

2. 平开窗

平开窗的基本配件之一是合页。由于合页的单向开启性质，使其总是安装在开启方向，即内开窗合页安装在室内，外开窗的合页安装在室外。为了不让合页影响窗的密封，金属窗的合页通常焊接在窗型材的外面。外开窗的锁是一种旋转的卡式锁，把手通常与锁相结合。普通内开窗的锁则可以是简易的插销。插销的缺点是没有旋转的卡式锁的压紧功能。

内开窗的把手是独立的，与其他部件不发生关系。限位器是外开窗必备的部件，防止风将窗扇吹动并产生碰撞。但是，两个合页与限位器三点形成的固定平面的牢固程度有限，质量比较好的限位器是铜质的，目的是防锈。

3. 内倾内平开窗

内倾内平开窗的概念从形式上看，是既能下悬内开，又可以内平开的窗。但是它并不是只有这一种开窗方式，实际上，它是各种窗控制功能的综合。首先当这种窗内倾时，目的是换气。顶部剪式连接件起着限位器的作用。当内平开时，顶部剪式连接件又是一个合页。底部合页同时是一个供内倾用的轴。内平开的目的是可以清楚地观察窗外景色，更重要的是容易清洗玻璃。设计窗型不考虑清洗玻璃，是国内中低档居民楼建筑极少有清洁明亮窗户的原因。内倾内平开窗的五金件包括顶部剪式连接件、上角连接件、锁、把手、连杆、多点锁、下角连接件兼内倾窗底轴、底部合页兼内旋底轴。这种五金件适用于木窗、铝合金窗和塑钢窗。

4. 玻璃幕墙

玻璃幕墙与窗的结合是一个比较困难的问题。国际上先进的幕墙体系可以将内倾内平开窗做成一个类似玻璃的幕墙单元，实现幕墙整体的气密性、水密性和抗风压等级。这样做的技术难度和成本都很高。目前国内极少有公司能够达到这一水平。

由于玻璃幕墙的承重结构一般在内部，所以外开窗是最容易的开窗方案。但是如果使用合页，外露的合页就会破坏玻璃幕墙的整体性，于是有四连杆配件。四连杆是合页的代用品，是利用四边形边长不变的条件下面积可变的原理达到开窗的目的。

四连杆的固定是在窗扇和窗框的侧面，当窗关闭时，四连杆完全隐藏在窗框中，从根本上解决了合页外露的问题。唯一的缺点是由四连杆的工作原理所决定的现象，即窗扇开启时，窗扇重心会有一个明显的沉降。这虽然可以很好地防止风将窗扇关闭，但也为开窗器的安装和使用带来诸多不便。如果窗体较大，四连杆长期承受窗扇重量，会产生一定的下降，进而导致窗扇关闭不严。

多点锁的使用是为了增加窗的抗风压强度。在窗扇上通过连杆连接多个圆柱形锁点，在旋转把手的操作下，锁点滑入固定在窗框上的锁体中。通过角连接件可以使窗的四面都用一个、两个或更多个锁点锁住。多点锁彻底改变了传统的锁定窗户的体系。这种连杆加锁点方案可以提高窗的防盗等级。

5. 翻转窗

普通翻转窗由于一半窗扇是内开，另一半窗扇是外开，所以窗体的密封性难以实现。要达到与单纯内开或外开窗相同的密封效果，翻转窗的成本会相对较高。普通翻转窗的五金配件主要是两个旋转轴，再配备相应的锁和把手。国际上有一种可以翻转 360° 的综合五金配件，它既能达到良好的密封效果，同时还便于擦窗。

4.3.2 辅助五金配件

1. 自动闭门器

自动闭门器又称门弹簧，按其安装位置一般可分为门顶闭门器、门底弹簧和地弹簧 3 类。外装式闭门器装有液压缓冲油泵装置，它可使门开启后自动关闭。其主要特点是门关闭时速度较慢，且关闭后无碰撞声音，适合用于学校、医院、办公楼和宾馆等大门上。内嵌式门顶闭门器安装在门扇和门框的槽内，所以当门关闭时不影响门的外观，适合用于高档宾馆客房的门上。

门底的弹簧又称自动门弓，分横式和直式两种。其作用相当于双簧合页，可使门扇开启后自动关闭。当不需要门扇自动关闭时，把门扇开启到 90° 即可。该门底弹簧可用于弹簧木门或里外双向开启的门上。

地弹簧由上、下两部分组成。上部结构为顶轴和顶轴套板，下部结构为回转轴杆和底座。地弹簧不仅可使门扇自动关闭、运行平稳、无噪声，而且还可以调整门扇自动关闭的速度。当门扇开启角度小于 90° 时，门可里外双向自动关闭；当门扇开启到 90° 时，门扇可固定不动，这种地弹簧因主要结构埋于地下，可保持门扇美观，多用于较高级的建筑物的门上。

2．手动开窗器和电动开窗器

（1）手动开窗器

手动开窗器的目的是通过一定装置可以开启位置较高的换气窗。根据空气的热效应原理，应该排除的热空气和轻质有害气体只有通过位置高的窗才能有效地排除。手动开窗器一般包括 5 部分：开窗的执行部件（如剪式开窗件）、角连接件、操作部件、连杆和装饰盖板。开窗执行部件决定了开窗的宽度、开窗器的承受重量和有无锁紧功能。角连接件是传动部件，它的变形决定了开窗器适应不同窗型和不同安装条件的能力。摇杆式操作部件的力量输出均匀，不易损坏，加工精度要求高，成本也较高。手动开窗器适用于下悬内开窗和上悬外开窗。

（2）电动开窗器

最简单的电动开窗器是将机械式开窗的执行部件配以驱动马达，再配一个开关即可。从产品的稳定性和使用寿命的要求看，开窗器需要防尘、防潮甚至防水。积尘会使开窗器磨损，潮湿会使开窗器生锈，水会使开窗器的电路短路。对开窗器使用的环境条件进行全面彻底的分析和了解，对选用何种开窗器至关重要。国际上全封闭的防尘、防潮和防水的开窗器有一种内螺杆式开窗器。这种开窗器的推力可达 1000N，噪声低、耗电少。选择开窗器还必须注意其安装是否方便，因为施工现场的安装条件可能非常有限。

电动开窗器的自动控制系统目前有两种。温室控制系统是根据测得的温度、湿度、阳光照度、风的强度，下雨程度的数值，并与预先设定值相比较，从而进行开窗和关窗控制的系统。自动排烟排热系统是国际上新发展的消防观念，即当发生火警产生烟和热时，用于排烟、排热的窗户会自动打开。由于现代建筑对建筑材料的防火要求渐趋全面，并会从阻燃性方面精确地界定材料的防火性能。因此一旦发生火灾，烟雾及其中所含的有害物质会对人产生更直接的伤害。系统的组成部分有铝合金或木窗型材、胶条和玻璃、窗配件和开窗器及固定配件。开窗配件（支撑件，合页，锁系统），所有通常的内开和外开的开窗方式都可以实现。

3. 合页类五金配件

合页类五金配件包括房门合页、抽屉导轨、柜门铰链 3 种。房门合页的材料通常有全铜和不锈钢两种。单片合页对标准为 10cm × 3cm 或 10cm × 4cm，中轴直径在 1.1～1.3cm，合页壁厚为 2.5～3mm，选合页时，为了开启轻松无噪声，应选合页中轴内含滚珠轴承的为佳。

抽屉导轨有二节轨、三节轨两种，选择时应注意外表油漆和电镀的光亮度，承重轮的间隙和强性决定了抽屉开合的灵活度和噪声大小，应挑选耐磨及转动均匀的承重轮。

柜门铰链有脱卸式和非脱卸式两种，又以柜门关上后遮盖位置分为大弯、中弯、直弯 3 种，一般以中弯为主。挑选柜门铰链除了目测、手感铰链表面平整顺滑外，还应注意铰链弹簧的复位性能，可将铰链打开 95° ，用手将铰链两边用力按压，支撑弹簧片不变形、不折断且十分坚固的为质量合格的产品。

4. 密封条

密封条起到防水、隔声、隔热、防尘、固定等作用，密封条主要以三元乙丙（EPDM）橡胶、橡塑等材质为主。门窗密封条可分为塑钢门窗密封条、铝合金门窗密封条、木门密封条、冷库门密封条、粮库门密封条、阻燃门窗密封条、玻璃密封条、自动旋转门密封条、建筑门密封条、幕墙密封条等。

5. 拉手

拉手的材料有铝合金、铜、有机玻璃、不锈钢、塑胶、原木、陶瓷等。为了与各种风格的家具配套，拉手的形式多样，色彩丰富。经过电镀和静电喷漆的拉手，具有耐磨和防腐蚀的特性。选择拉手时，除了应注意与居室装饰风格相搭配外，还应能承受较大的拉力，拉手应能承受 6kg 以上的拉力。

4.3.3 门窗五金配件安装要求

① 五金配件安装过程中应注意表面的保护，防止磕碰，避免与腐蚀性介质接触。
为了使五金配件在安装后能满足其使用功能和使用寿命的需求，安装、交付前均应采取保护措施，防止挤压造成变形，避免出现表面划伤、损坏、污染腐蚀。

② 五金配件安装应符合设计要求，保证安装可靠。门窗五金配件是保证门窗使用功能及物理性能的关键部件，必须牢固地安装在型材上，不能松脱，因此安装时的连接强度一定要有可靠保证。当采用螺纹紧固连接时，为保证与型材连接牢固，通常底孔的开孔尺寸应以螺纹的小径为准。

③ 所选用的五金配件与型材所有相接触的金属面均不应发生双金属腐蚀，否则应采取防护措施。对于易产生腐蚀的、有接触的双金属材料，应进行有效的处理（对于没有相对运动的两金属面可采取表面镀或采取隔绝措施）。为了减少双金属接触面可能出现的腐蚀，所有的紧固件及连接件建议选用不锈钢材料。

④ 当固定五金配件的连接力不够时，应采取增强措施，如增加衬板、局部增加壁厚或铆接螺母等。

4.3.4 门窗五金配件的维护保养

（1）五金配件产品使用说明书的内容

① 五金配件产品的主要性能参数。

② 使用注意事项。

③ 日常与定期维护、保养的要求。

为了更好地使用门窗五金配件，使用前请仔细阅读产品使用说明书，以防止不正确操作，同时对五金配件的技术参数、日常维护和润滑油有更详细的了解，以达到门窗五金配件的有效使用寿命。

（2）门窗五金配件清洗时应使用中性清洗剂

门窗五金配件通常由不锈钢、碳素钢、铝合金、工程塑料等原材料制作而成，清洗时应使用中性清洗剂，以避免产生腐蚀，影响五金配件的外观和使用功能。

4.4 五金配件的选购标准

1. 灵活性

无论顾客选择哪一类五金配件，首先都要考虑五金配件的灵活性。特别是需要经常使用或者是开关闭合的配件。如果用起来感觉不顺畅，那么就会对生活造成影响。

2. 耐久性

在选择厨卫五金配件时，一定要考虑到生锈的问题，特别是在容易受潮的地方。一般我们应选择不锈钢的五金配件或表面上镀锌的五金配件。

3. 密封性

五金配件的使用寿命比较长，质量优劣直接影响门窗的密封性。不同使用部位对于五金件的密封性有所不同，如浴室的五金配件密封性要求比较高。

4．美观性

五金配件也是室内装饰的一部分，它的材料质感、表面色彩及外形设计，对室内设计的整体效果起到十分重要的作用，因此，在选择五金配件时，还应尽可能地考虑它的美观性。

单元训练和作业

1．作业内容

进行市场调研，根据不同材料对施工五金配件的不同施工要求、功能进行图标分类分析。

2．课题要求

课题时间：4～8课时。

教学方式：使用多媒体图片进行引导。对调研作业进行点评。

要点提示：认知不同种类的五金配件，掌握五金配件的风格、使用部位及功能特点。

教学要求：讲解五金配件的种类、特征、用途。

训练目的：加强分析调研能力，通过市场调研将理论与实际相结合，提升总结归纳能力，形成有利于自我记忆的理论知识结构。

3．思考题

（1）按材料的不同，家具五金配件可分为哪些种类?

（2）根据其作用五金配件可分为哪几类?

（3）门窗五金配件有哪些?辅助五金配件有哪些特性?

4．相关知识链接

（1）阅读《国内外建筑五金装饰材料手册》（李维斌著，江苏科学技术出版社），了解国内外建筑五金装饰材料的分类与使用。

（2）查阅中国建材网：超详细新房装修五金建材清单（含预算表），熟悉五金建材清单及预算，为实际项目预算打下基础。

第5章

装饰材料施工工具及其连接与固定

要求与目标

要求：通过学习装饰施工过程中常见的小型加工工具，掌握装饰材料常用的连接及固定方法。

目标：培养实践认知能力，熟悉并掌握装饰材料的加工与连接方式，为后面装饰材料施工构造的学习打下基础。

内容框架

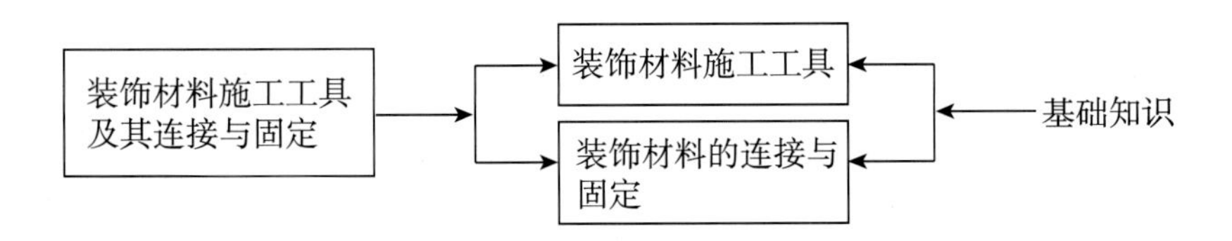

引言

装饰材料在施工过程中常用的工具种类繁多，选择合适的施工工具可以提高工作效率、节约人工成本、高效地完成装饰材料加工制作。

5.1　装饰材料施工工具

在装饰施工过程中，不同的装饰材料加工采用不同的施工工具，本章只介绍小型施工工具。常见的小型施工工具可分为钻孔型、切割型、磨光刨削型、紧固型4类。

5.1.1　钻孔型

1. 手电钻

手电钻（图5.1）是一种携带方便的小型钻孔工具，由小电动机、控制开关、钻夹头和钻头4部分组成。它主要用于金属材料、木材、塑料等材料的钻孔。在一定时间内，它可以在无外接电源的情况下正常工作。

图5.1　手电钻

2. 冲击电钻

冲击电钻（图5.2）以旋转切削为主，兼有依靠操作者推力产生冲击力的冲击机构，是一种用于在砖、砌块及轻质墙等材料上钻孔的电动工具。

图5.2　冲击电钻

3. 电锤

电锤（图5.3）是一种附有气动锤击机构和安全离合器的电动式旋转锤钻。电锤是利用活塞运动的原理压缩气体冲击钻头，不需要手使多大的力气，就可以在混凝土、砖、石头等硬性材料上开6～100mm的孔。电锤在上述材料上开孔效率较高，但不能在金属材料上开孔。

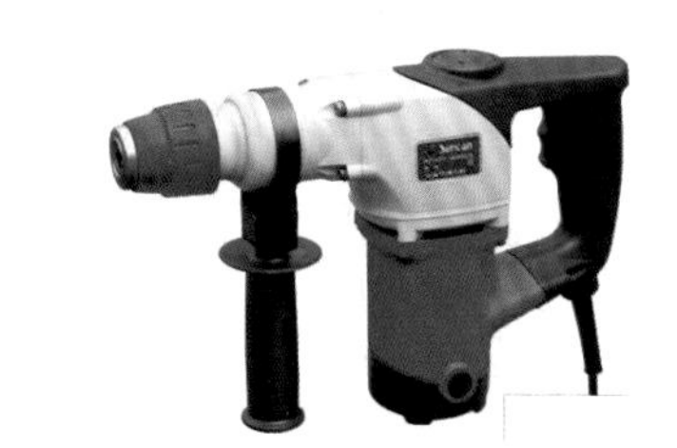

图5.3　电锤

4. 电镐

电镐（图5.4）适用于对混凝土、砖石结构、沥青路面进行破碎、凿平、挖掘、开槽、切削等作业，操作方便，工作效率高。

图5.4　电镐

5.1.2 切割型

1．木工圆锯

木工圆锯主要用于木材切割，具有效率高、使用简便、维修简单、移动便利等优点。图5.5所示为木工圆锯及操作台。

图5.5　木工圆锯及操作台

2．曲线锯

曲线锯（图5.6）是指能在板材上可按曲线进行锯切的一种电动往复锯。它可以对木材、金属、塑料、橡胶、皮革等板材进行直线或曲线锯割，还可安装锋利的刀片，裁切橡胶、皮革、纤维织物、泡沫塑料、纸板等。

3．手持切割机

手持切割机（图5.7）也称石材切割机、云石机。根据不同的切割材质，它选用相应的锯片，可以对水磨石、大理石、花岗岩、玻璃、水泥制板等含硅酸盐的非金属脆性材料进行切割、开槽作业，具有切削效率高、加工质量好、使用简便、劳动强度低等优点。

图5.6　曲线锯

图5.7　手持切割机

4. 型材切割机

型材切割机（图 5.8）又称砂轮锯，适用于建筑、五金、石油化工、机械冶金及水电安装等行业。型材切割机是一种可对金属方扁管、方扁钢、工字钢、槽型钢、铝合金、塑钢材等材料进行切割的常用设备。

图 5.8　型材切割机

5. 手动剪板机

手动剪板机（图 5.9）借助运动的上刀片和固定的下刀片，采用合理的刀片间隙，对各种厚度的金属板材施加剪切力，使板材按一定尺寸断裂分离。它主要用于金属加工行业。

图 5.9　手动剪板机

5.1.3　磨光刨削型

1. 墙面打磨机

墙面打磨机（图 5.10）主要用于油漆层的去除、腻子层的打磨等工作。墙面打磨机的使用大大节约了人工成本，提高了工作效率，适合大面积施工，是油漆施工人员的专用工具，经过其打磨的墙面光滑、平整、细腻。

图 5.10　墙面打磨机

2. 角向磨光机

角向磨光机（图 5.11）又称研磨机或盘磨机，是一种利用玻璃钢切削和打磨的手提式电动工具，主要用于切割、研磨金属与石材等。

图 5.11　角向磨光机

3. 电刨子

电刨子（图 5.12）是用来对各种木材的平面进行刨直、削薄、出光等作业的一种工具。相较于传统手工刨子，它具有高效、平整等优点。

图5.12　电刨子

5.1.4　紧固型

1. 气钉枪

气钉枪（图5.13）是利用气泵产生的气压带动钉枪里的钉锤，将排钉弹射钉入物体中。装修工程中常用的气排钉主要有F型钉、T型直钉、蚊钉、J型码钉、ST钢排钉，主要用于木材与木材、木材与墙壁的连接，以及家具饰面与结构连接。

2. 拉铆钉枪

拉铆钉枪适用于各类金属板材、管材的紧固铆接，使用拉铆枪可一次铆固，方便牢固，它取代了传统的焊接螺母，弥补了金属薄板、薄管焊接易熔等问题。拉铆钉枪可分为手动拉铆钉枪、电动拉铆钉枪、气动拉铆钉枪（图5.14）。

图5.13　气钉枪

图5.14　气动拉铆钉枪

5.2 装饰材料的连接与固定

不同的装饰材料，其施工方法也不同。装饰材料的连接与固定方法可以分为胶结法、钉接法、焊接法、挂接法4类，在不同装饰材料施工过程中应选择相适应的连接方法。

1. 胶结法

胶结法是指采用胶结剂或胶凝性材料将不同材料结合连接在一起的连接方法。通常在木工工程中，装饰面板及底板的连接都采用胶结剂进行胶结。在墙地面铺设陶瓷墙砖、陶瓷地砖、小尺度石材等，则是利用水泥的胶结性或掺入胶结材料来作为连接饰面的方法，如图5.15所示。

图5.15　水泥砂浆胶结法

2. 钉接法

钉接法是指采用钉接方式将材料连接在一起，在装修工程中使用较为广泛，如木工工程中木龙骨之间的连接、龙骨与板材的连接等。在铝合金工程中，铝合金框料与建筑的墙柱、地面的连接，也多采用钉接法进行连接，如图5.16所示。

图5.16　钉接法

3．焊接法

焊接法是指采用焊接方式将金属材料连接在一起。对于重型的受力构件之间的连接，或者某些金属薄型板材之间的连接，一般多用电焊或气焊方法，如图 5.17 所示。

4．挂接法

针对饰面石材的安装，通常采用挂接的方法。饰面石材的挂接分为湿挂和干挂两种，湿挂是在挂接后再用水泥灌浆的方法进行连接，而干挂则采用专用的挂件进行挂接。干挂法也适合于安装玻璃幕墙、复合装饰面板等。图 5.18 所示为采用干挂法连接柱子与石材。

图 5.17　焊接钢架

图 5.18　采用干挂法连接柱子与石材

单元训练和作业

1．作业内容

走访施工现场并拍摄现场工人施工照片，结合网络调研资料，了解不同材料的加工和连接方式，现场认知各种装饰材料施工工具。

2．课题要求

调研分析施工过程中的主要材料加工方法，分析归纳不同连接方法分别适用于哪些装饰材料的施工及连接。

课题时间：4 课时。

教学方式：讲解材料的连接及加工方法，使用多媒体图片进行现场调研实际讲解，点评调研作业。

要点提示：装饰材料施工结构设计是以装饰材料为物质基础，以施工技术及工艺为支持的一门学科，掌握基层、饰面层的连接方法能够合理处理结构关系，从而满足装饰工程的结构要求。

教学要求：掌握本章知识要点，建立工程意识，拓展材料构造知识。

训练目的：加强学生的独立思考能力和分析问题能力，有针对性地学习装饰材料种类及构造知识。

3. 其他作业

在线观看家装施工流程视频，掌握家装施工程序及材料的连接方法。

4. 思考题

（1）除了本章提到的水泥砂浆胶结法还有哪些胶结法？适用于哪种材料的连接？

（2）如何处理构造设计中基层与饰面层之间的结构关系？

5. 相关知识链接

阅读《从设计到现场：一流施工工艺圣经》（林良穗编著，天津人民出版社），了解室内设计的主要内容及施工流程。

第6章

装饰材料施工构造

要求与目标

要求：从空间各个界面入手掌握装饰施工工程的基本知识，了解各界面的装饰要点，熟悉节点的构造、施工方法、施工流程等。

目标：了解装饰构造及施工工艺，可以根据空间功能和实际条件选择合适的构造进行施工，实现设计方案。

内容框架

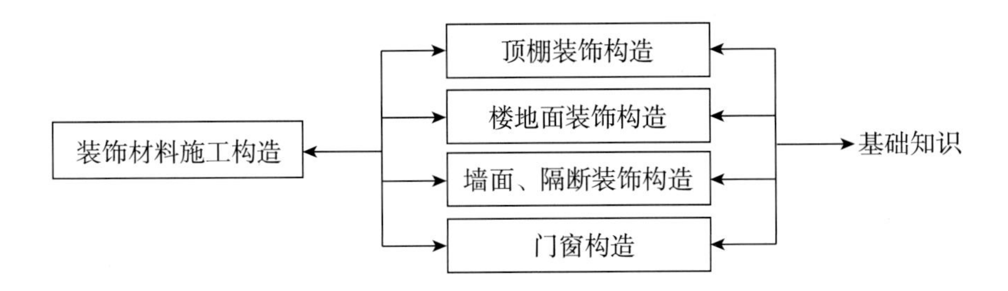

引言

装饰材料施工构造是设计方案实现的重要环节，无论是作为设计师还是施工人员，都应了解这部分内容。设计师对施工构造的了解是工程施工完成的重要保障。本章从界面的角度讲解空间中各部分的设计装饰原则及施工构造。在本章的学习中应注意调研，从工程实践中获取装饰构造的新技术、新方法。

6.1 顶棚装饰构造

顶棚是房屋建筑的重要建筑部件，也称天花、天棚。顶棚的作用是使房屋顶部整洁美观，并具有保温、隔热和隔声等性能。顶棚的构造设计与材料的选择，应从建筑功能、建筑照明、建筑声学、建筑热工、设备安装、管线敷设、维护检修、防火安全等多方面综合考虑。

6.1.1 顶棚装饰的设计原则及分类样式

顶棚可以改善室内环境，满足使用功能要求，从空间、光影、材质等方面渲染环境、烘托气氛。顶棚的装饰应满足以下设计原则。

1. 美化装饰功能

顶棚装饰可以美化和保护建筑顶棚界面的结构层，还可以遮掩管线设备，以保证建筑空间的卫生条件和顶棚构件的使用寿命。同时要周密考虑顶棚的风口、消防、灯位等，协调各设备之间的关系，达到顶棚设计的美观。

2. 建筑物理功能

顶棚装饰可以改善顶棚界面的热工、声学、光学性能，这对于形成恰当的室内物理环境是非常重要的。可以通过特定顶棚形式的设计，对室内的声、光、热等环境有所影响。

3. 安全性功能

顶棚的安装必须牢固稳定，防止顶棚构件的掉落，有时还要保证上人检修的安全承重。

目前室内顶棚装饰的材料及形式多种多样，按结构类型可归纳为直接式顶棚和悬吊式顶棚。

直接式顶棚是在楼板结构层底面直接喷涂涂料、抹灰或粘贴其他装饰材料的顶棚形式。其特点是不占净空高度、造价低、管道裸露。

悬吊式顶棚是通过一定的吊挂架，将顶棚骨架与面层悬吊在楼板或屋顶结构物之下的一种顶棚形式。其特点是整洁干净、隐藏管线，可以设计成不同造型，装饰性更强。

按外观分类，室内顶棚可分为平滑式顶棚、井格式顶棚、悬浮式顶棚、分层式顶棚等。

平滑式顶棚的特点是平直或弯曲状，常用于面积较小、层高较低、对光线有较强要求的房间。

井格式顶棚的特点是根据楼板结构的主次梁，将顶棚划分成格子，构造简单，外观简洁，可做成藻井式顶棚，通常用于装饰宴会厅、休息厅等。

悬浮式顶棚的特点是把不同材质、不同形状的材料悬挂在结构层下或平滑式顶棚下，通过反射灯光或透射灯光产生特殊效果。

分层式顶棚的特点是将顶棚做成不同层次、不同角度、不同形状，以达到空间划分的效果。

6.1.2 直接式顶棚

直接式顶棚的主要类型有直接抹灰、喷刷、裱糊类顶棚（图 6.1），直接贴面类顶棚，直接固定装饰板顶棚。

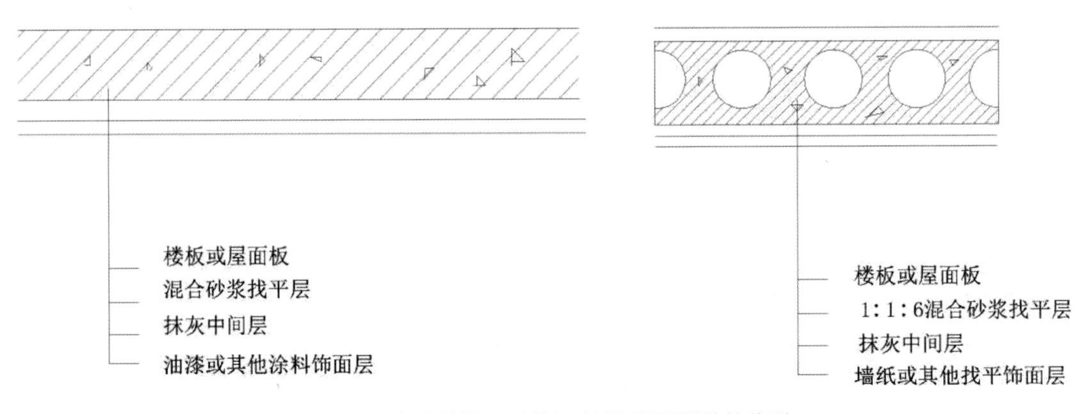

图 6.1 直接抹灰、喷刷、裱糊类顶棚装饰构造

1. 直接抹灰、喷刷、裱糊类顶棚装饰构造

直接抹灰、粉刷、裱糊类顶棚装饰构造一般由以下 3 个层次构成。

① 基层，刷一遍纯水泥浆，然后混合砂浆打底找平，要求较高的房间可在底板增设一层钢板网。

② 中间层，抹灰抹一层或多层，其作用是找平与连接，弥补底层的干缩裂缝。

③ 面层，这一层的作用是装饰，要求平整、色彩均匀无裂纹，可做成光滑和粗糙等不同质感。

2．直接贴面类顶棚装饰构造

① 基层，刷一遍纯水泥浆，然后混合砂浆打底找平，要求较高的房间可在底板增设一层钢板网。

② 中间层，厚度为 5～8mm，比例为 1∶0.5∶2.5 的水泥石灰砂浆。

③ 面层使用挂贴构件进行挂贴。

3．直接固定装饰板顶棚装饰构造

① 固定主龙骨，可用射钉、胀管螺栓、埋设木楔等方式固定。采用胀管螺栓或射钉将连接件固定在楼板上，龙骨与连接件连接。顶棚较轻时，可采用冲击钻打孔，埋设锥形木楔的方法固定。

② 固定次龙骨，将次龙骨钉在主龙骨上，间距按面板尺寸。

③ 将面板固定在龙骨上，并修饰面板。

6.1.3　悬吊式顶棚

悬吊式顶棚是将饰面层悬吊在楼板或屋顶结构上而形成的顶棚。悬吊式顶棚的饰面层可形成平直或弯曲的连续整体式，也可以局部降低或升高成为分层式，或以一定规律和图形进行分块而形成立体式。

悬吊式顶棚的构造复杂，造价较高，一般用于装修标准较高，或有特殊要求的房间。

悬吊式顶棚的装饰表面与屋面板、楼板等之间留有一定的距离，其内部可埋设各种管线设备，如灯具、空调、灭火器、烟感器等。顶棚的高度可灵活调节，以丰富顶棚空间层次和形式。

悬吊式顶棚主要由吊筋、龙骨、面层材料 3 部分构成，其构造如图 6.2 所示。

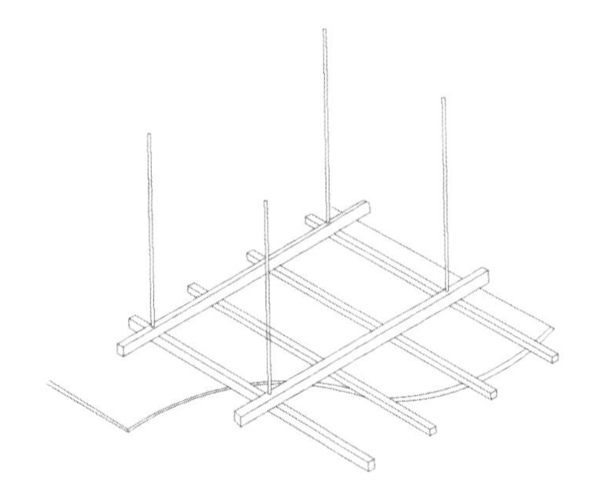

图 6.2　悬吊式顶棚的构造

1．吊筋

吊筋，又称吊点、吊杆。悬吊式顶棚通常是借助吊筋悬吊在楼板或屋顶结构上的，有时也可以不用吊杆，而将龙骨直接固定在梁或墙上。它的主要作用是承受顶棚的荷载，并将这一荷载传递给屋面板、楼板、屋顶、梁屋架等部位，并用来协调、确定悬吊式顶棚的空间高度，以适应不同场合。

吊筋按材料分为钢筋类、型钢类、木方类等。吊筋按荷载类型分为上人吊顶吊筋和不上人吊顶吊筋。

吊筋的固定有以下几种方法。

（1）预埋吊筋

吊筋在预制板缝中浇灌细石混凝土或砂浆灌缝时，沿板缝设置 Φ10mm 钢筋，将钢筋一端做成弯钩，钩挂在板缝中的钢筋上，另一端的抽出长度根据需要而定，这就是预埋吊筋，如图 6.3 所示。

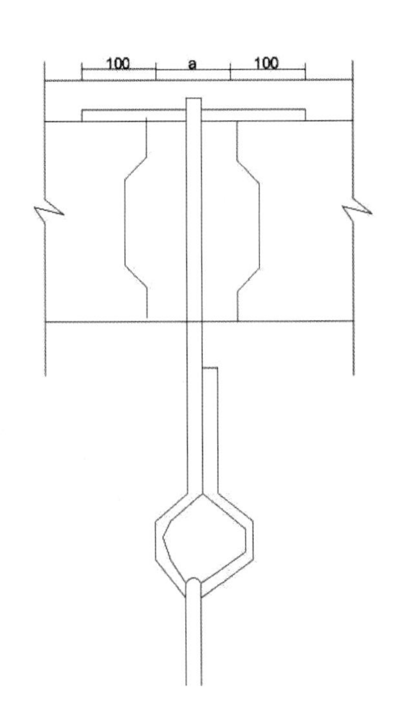

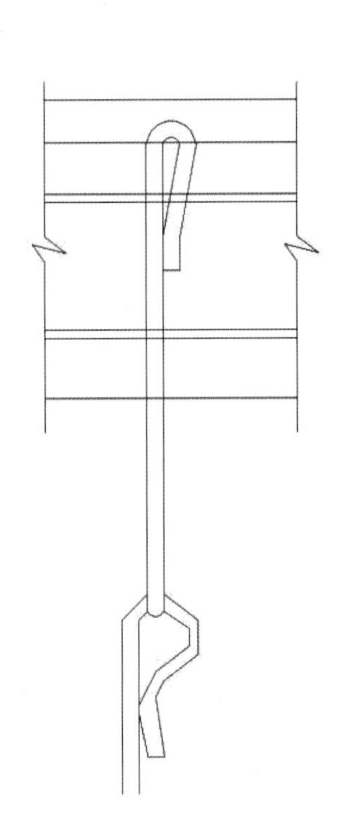

图6.3　预埋吊筋

（2）在现浇混凝土楼板上预留安装吊筋

在现浇混凝土楼板时，按照吊点间距，把钢筋预埋件放在现浇层中。预埋件的另一端从现浇层中伸出，混凝土拆模后，吊筋直接焊接在预埋件上，或用螺栓固定；也可以将钢筋按悬吊长度截取后，把另一端与现浇层钢筋连接，现浇层拆模后，吊筋直接与龙骨相连，如图 6.4 所示。以上两种构造方法可承载上人。

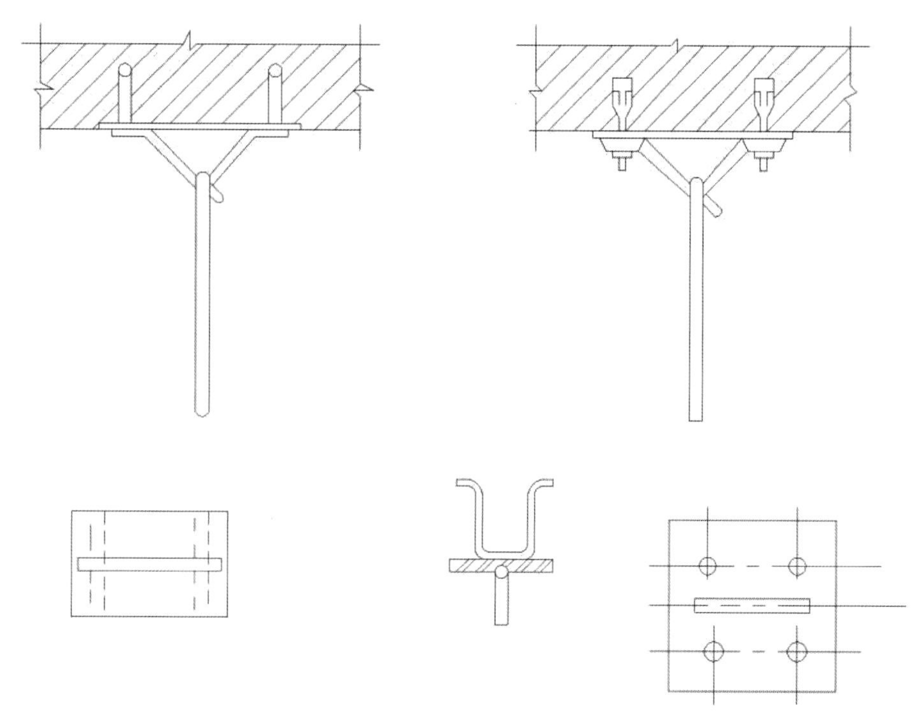

图6.4 吊筋结构图

（3）在已硬化的楼板上安装吊筋

可以用射钉枪将射钉打入房顶，在射钉上穿钢丝来绑扎吊筋，或者使用膨胀螺栓固定。这种方法灵活简便，但只适合悬吊轻型吊顶，如铝合金条板等。

2. 龙骨

龙骨是用来固定面层并承受其重量的骨架，通过吊杆连接于楼板或屋顶下方。龙骨可以分为主龙骨和次龙骨，主龙骨是次龙骨与吊筋之间的连接构件，主龙骨与吊筋的连接，可以采用焊接、螺栓、铁钉及挂钩等方式。次龙骨是用来固定面层材料的，与主龙骨成垂直方向布置，间距大小根据面层材料而定，一般不大于600mm。主次龙骨一般采用钉接或专用连接件连接。上人顶棚要用型钢、轻钢或大截面的木材做龙骨，以保证安全。

（1）轻钢龙骨

吊顶用轻钢龙骨有C型和U型两种。轻钢龙骨适用于不露明骨的吊顶，具有强度高、防震防火、隔热性能好、安装拆卸方便、设置灵活等特点。按其大小及用途分为主龙骨、次龙骨、吊挂和连接件4部分。按其承载能力分为轻型、中型、重型3类。轻型轻钢龙骨不能承受上人荷载；中型轻钢龙骨能承受偶然上人荷载，可在其上铺设简易检修马道；重型轻钢龙骨能承受上人检修80kg集中荷载，可在其上铺设永久性检修马道。

（2）T 型龙骨

T 型龙骨有两种：一种是以轻骨为内骨，外套铝合金或彩色塑料型材的铝合金龙骨；另一种是轻钢烤漆龙骨。T 型龙骨吊顶的结构是由 C 型龙骨及配件组成骨架，T 型龙骨吊在骨架下面，各种罩面板才可浮搁在其上面，组成活动式装配吊顶，这种搭接式吊顶给维修顶棚内的管线设备创造了便利条件。

例如，矿棉吸音板吊顶。矿棉吸音板以矿棉渣为主要原料，加入适量的胶结剂和附加剂，经过成型、烘干等工序加工而成，具有质轻、耐火、保温、隔热、吸音性能好等特点，目前最常见的安装方式是采用轻钢或铝合金 T 型龙骨，有平放搭接、企口嵌缝、复合黏接 3 种方法，如图 6.5 所示。

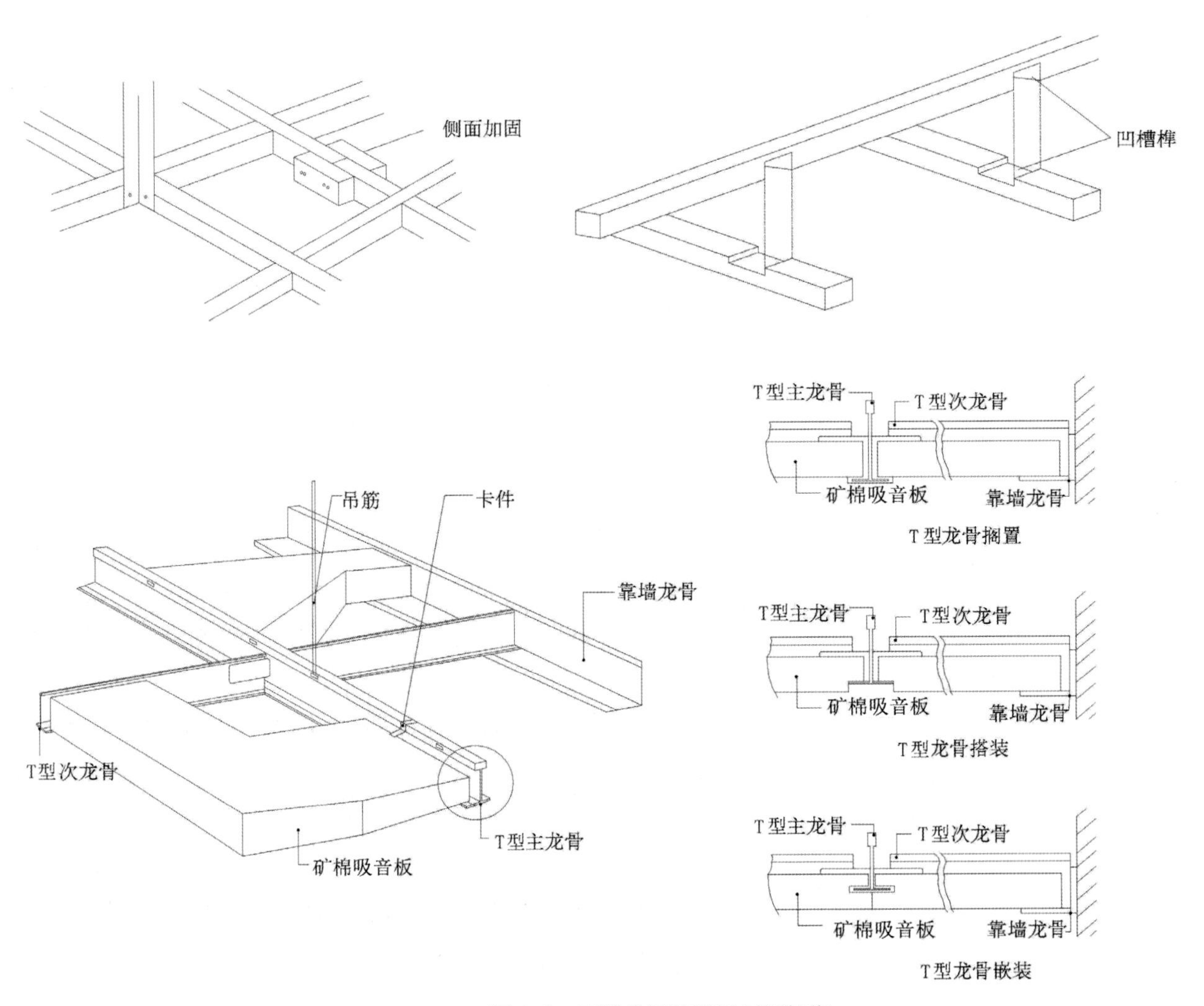

图 6.5　T 型龙骨矿棉板吊顶结构

（3）木龙骨

木龙骨为可燃性材料，易腐蚀、易虫蛀，在装修施工中应严格控制使用。如果一定需采用木龙骨，必须经过严格的防腐和防火处理。拼装骨架时，应按设计要求的尺寸和间距开出半槽，纵横咬口扣接，十字交叉咬口处涂胶加钉进行固定。木龙骨吊顶结构如图 6.6 所示。木龙骨吊顶多用于传统形式的吊顶和造型较为复杂的局部吊顶，如弧形吊顶、圆弧吊顶等。

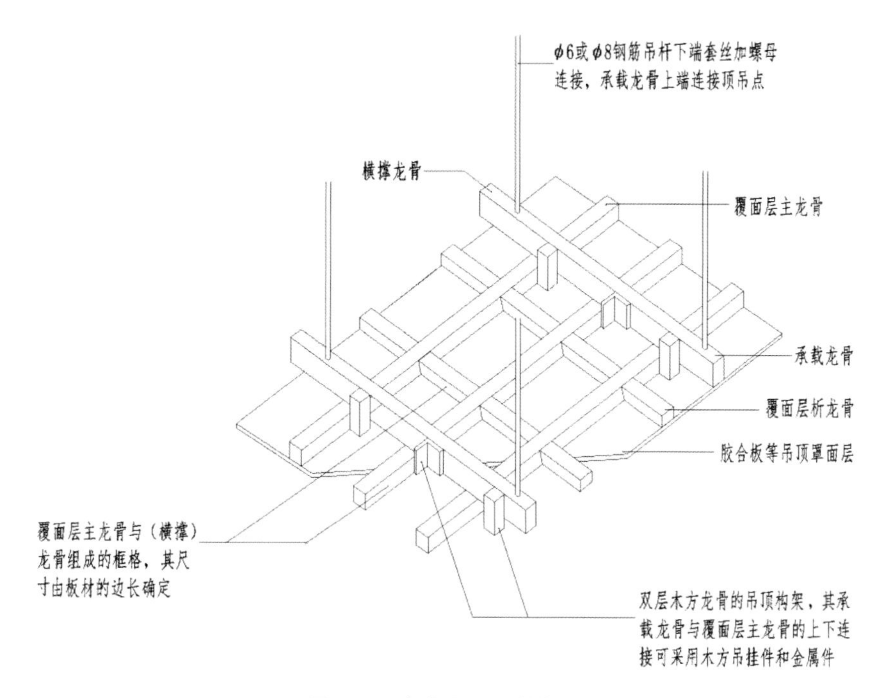

图 6.6　木龙骨吊顶结构

3．面层

面层具有装饰室内空间的作用，有时面层还有吸音、反射声等特殊作用，面层的构造设计要结合灯具、风口等进行布置。

面层的材质有很多种。石膏板面层有纸面石膏板、吸音穿孔石膏板、嵌装式装饰石膏板等，具有质轻、防火、吸音、隔热和易于加工等优点。金属板面层有金属微穿孔吸音板、铝合金装饰板、复合铝塑板、彩色涂层薄钢板等，可做成不同的形状，板的外露面可做搪瓷、烤漆、喷漆等表面处理。还有一些其他类型的面板，如胶合板、矿棉板、水泥埃特板、PVC 塑料装饰板等。不同材质的面层，其吸音效果、防火级别、保温效果等功能也不同，应根据实际情况选择合适的面层材质。

面层与次龙骨的连接可用钉、搁、粘、吊、卡等方式。

6.1.4 常见吊顶施工流程

1．轻钢龙骨石膏板吊顶

（1）弹线

顶面弹线要在墙面上弹出吊顶标高线，依据设计标高沿墙面四周弹线，作为顶棚安装的标准线，同时还要弹出各个定位线，作为安装定位龙骨架的依据。

（2）切割龙骨

弹线结束后，根据事先测量的长度切割轻钢龙骨。

（3）钻孔

在安装之前要在弹线标示的位置上，每隔一段距离用电钻打出钻孔。钻孔沿着弹好的标高标准线上方平面开凿，尽量避开墙体承重钢筋，避免安全隐患。

（4）打木楔

在打木楔时，应使用比钻孔稍微大一点的木楔填充到钻孔中，起到固定作用。

（5）安装边龙骨和顶面龙骨骨架

在安装边龙骨和顶面龙骨骨架时，应采用专用龙骨固定工具，固定边龙骨和顶面龙骨骨架，确保龙骨主骨架的平整与牢固。安装龙骨骨架施工现场如图 6.7 所示。龙骨骨架结构示意如图 6.8 所示。

图 6.7 安装龙骨骨架施工现场

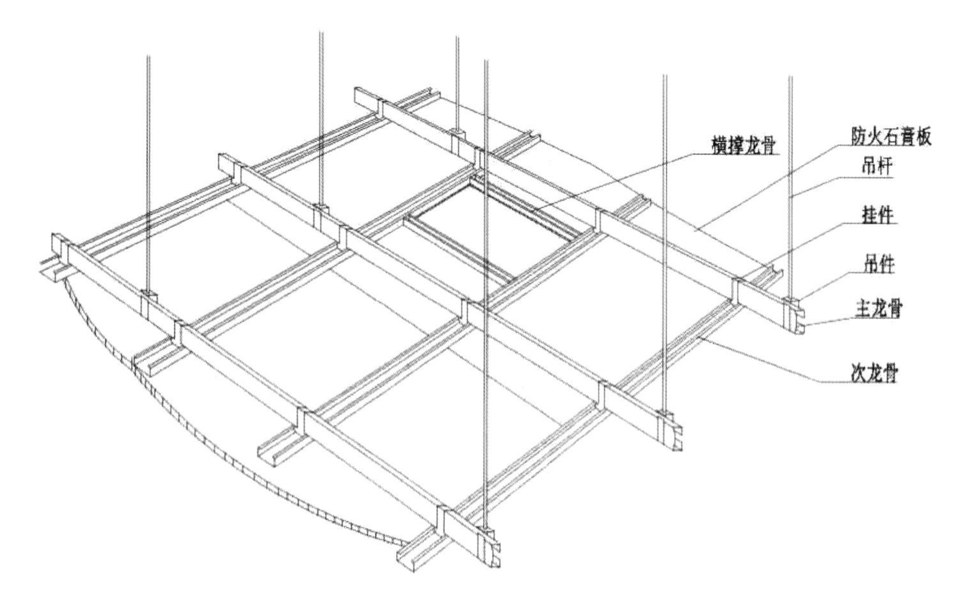

图 6.8　龙骨骨架结构示意

（6）安装龙骨连接件及龙骨

顶面龙骨骨架安装完毕后，应在顶面龙骨架的下方安装龙骨连接件，龙骨架与龙骨连接件依靠拉铆钉的连接方式进行连接。

（7）主龙骨、次龙骨的安装与固定

主龙骨需要起到吊顶整体承重的主要受力作用，所以主龙骨吊杆挂架必须使用膨胀螺栓进行固定，确保膨胀螺栓的膨胀帽张开和固定。次龙骨采用专用的吊挂件，连接到主龙骨上。龙骨安装固定完毕，必须检查龙骨安装是否水平，这是保证未来吊顶安全美观的重要条件。可以吊一个重物，利用重物下垂直原理来判断龙骨是否达到水平。

（8）安装石膏板

安装石膏板前，应仔细检查顶面施工环节是否已经结束，水电管线铺设是否完成，以避免返工。首先分割石膏板，根据吊顶面层的间距和次龙骨间距，确定石膏板的剪裁尺寸，石膏板大小通常为 2400mm × 1200mm 或 3000mm × 1200mm。然后安装石膏板面层，将专用石膏板螺丝利用工具引入龙骨固定石膏板。石膏板安装应该从顶面的一侧开始错缝安装，或者从中间向四周固定。安装好石膏板后，应在钉眼处上防锈漆，防止日后螺钉生锈，锈斑导致钉眼处乳胶漆泛黄，影响美观。安装石膏板施工现场如图 6.9 所示。轻钢龙骨吊顶细部详图和带灯槽纸面石膏板吊顶构造分别如图 6.10 和图 6.11 所示。

图 6.9　安装石膏板施工现场

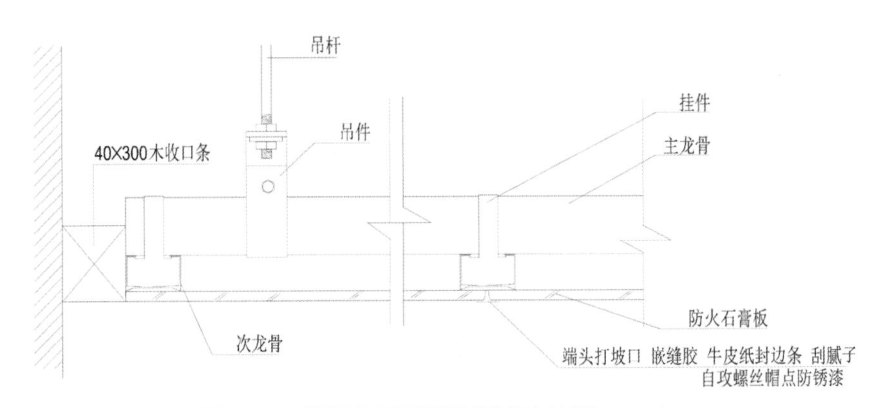

图 6.10　轻钢龙骨吊顶细部详图（单位：mm）

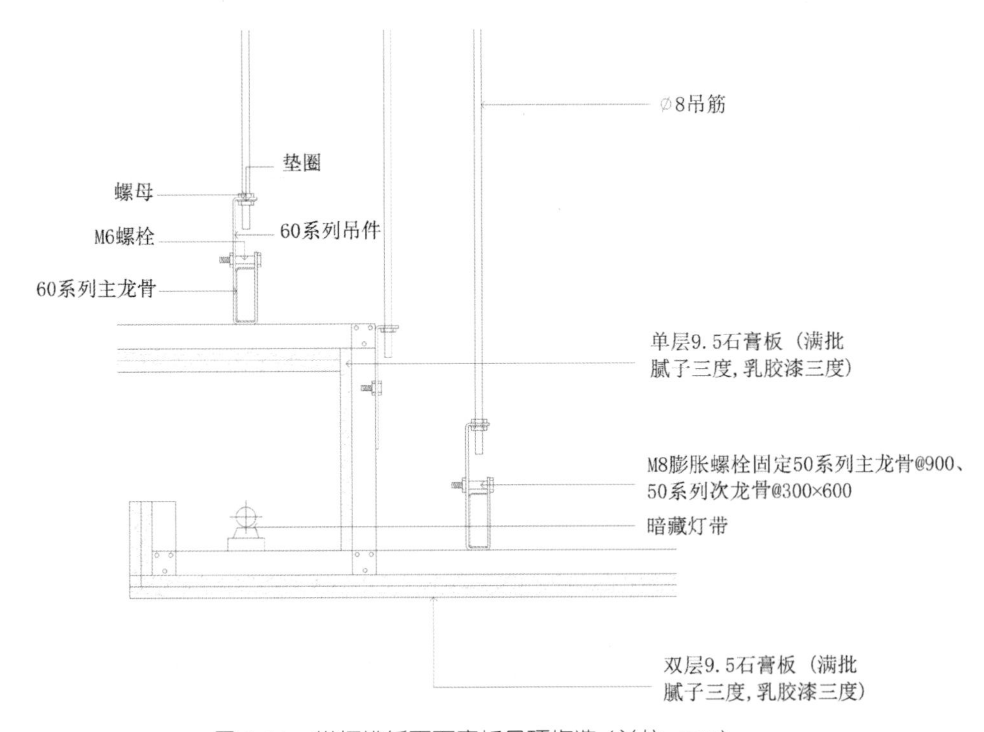

图 6.11　带灯槽纸面石膏板吊顶构造（单位：mm）

2. 木龙骨夹板吊顶

一般情况下，夹板吊顶采用木龙骨做承重骨架。

① 弹线，打好水平线，量好、弹好施工线。

② 钻眼，打入木楔。

③ 做龙骨架，利用事先钉入墙体的木楔打钉和膨胀螺栓固定龙骨。

④ 做人字形拉筋。

⑤ 刷防火涂料。由于木龙骨基本使用松木或杉木制作，其防火性能极差，安装好后必须全面刷上防火涂料，刷完后木龙骨呈白色。

⑥ 封板。木板用胶水和射钉枪固定，有灯槽的，槽内一定要封底板。

3. 铝扣板吊顶

铝扣板的板面平整，棱线分明，具有阻燃性、防腐性、防潮性等优点；装拆方便，每件板均可独立拆装，方便施工和维护；安装铝扣板吊顶的厨卫房间整体给人干净清爽、大方高雅、视野明亮的感觉。铝扣板的安装简便，只需要扣在龙骨槽口边缘上即可。铝扣板多用于公共空间，如会议室等。在家庭装修中广泛应用于厨卫空间。

① 弹线。前面已讲过，此处不赘述。

② 沿标高线固定角铝。角铝的作用是吊顶边缘部位的封口，角铝的常用规格为25mm×25mm，其色泽应与铝合金面板相同，角铝多用水泥钉固定在墙柱上。

③ 确定龙骨位置线。每块铝合金块板都是已成型饰面板，一般不能再切割分块，为了保证吊顶饰面的完整性和安装可靠性，需要根据铝合金的尺寸规格及铝扣板吊顶的面积尺寸来安排吊顶骨架的结构尺寸。将安排布置好的龙骨架位置线画在标高线的上边。

④ 在楼板上用冲击钻打眼，装吊筋。吊筋的长度决定了吊顶的高度。

⑤ 接龙骨。根据铝扣板的规格尺寸，安装与其配套的次龙骨，次龙骨通过吊挂件吊挂在主龙骨上。当次龙骨长度需多根延续接长时，用次龙骨连接件，在吊挂次龙骨的同时，将相对端头相连接，并先调直后固定。

⑥ 在安装铝扣板时，应把次龙骨调直。铝扣板应平整，不得翘曲。铝扣板吊顶构造如图6.12所示。

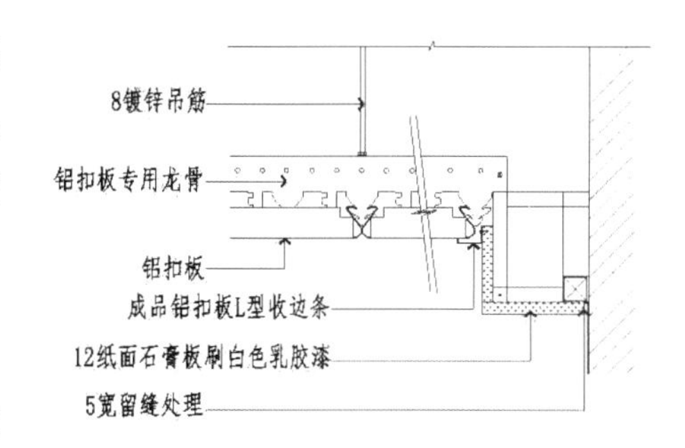

图6.12 铝扣板吊顶构造（单位：mm）

4．软膜天花吊顶

软膜天花又称天花软膜、弹力布。由于它具有防火、节能、方便安装、安全环保等优点，目前已成为异形吊顶材料的首选材料。

软膜采用特殊的聚氯乙烯材料制成，厚度为 0.15mm，通过一次或多次切割成型，并用高频焊接完成。软膜需要在实地测量出天花尺寸后，在工厂里制作完成。软膜尺寸的稳定性在 −15℃～45℃。透光膜天花可配合各种灯光系统（如霓虹灯、荧光灯、LED 灯）营造梦幻般的室内灯光效果。

软膜天花吊顶主要由龙骨、扣边条、软膜 3 部分组成。

① 龙骨。软膜天花吊顶的龙骨采用铝合金挤压成型，其作用是扣住膜材。天花软膜有 4 种型号，适用于不同的造型。

② 扣边条。扣边条用聚氯乙烯挤压成型，被焊接在天花软膜的四周边缘，便于天花软膜扣在专用龙骨上。

③ 软膜。软膜为定制产品，首先在安装时采用铝合金经过机械挤压成型，然后利用支架固定在工程安装的部位，即可完成所需的任何空间结构要求。软膜天花吊顶构造如图 6.13 所示。

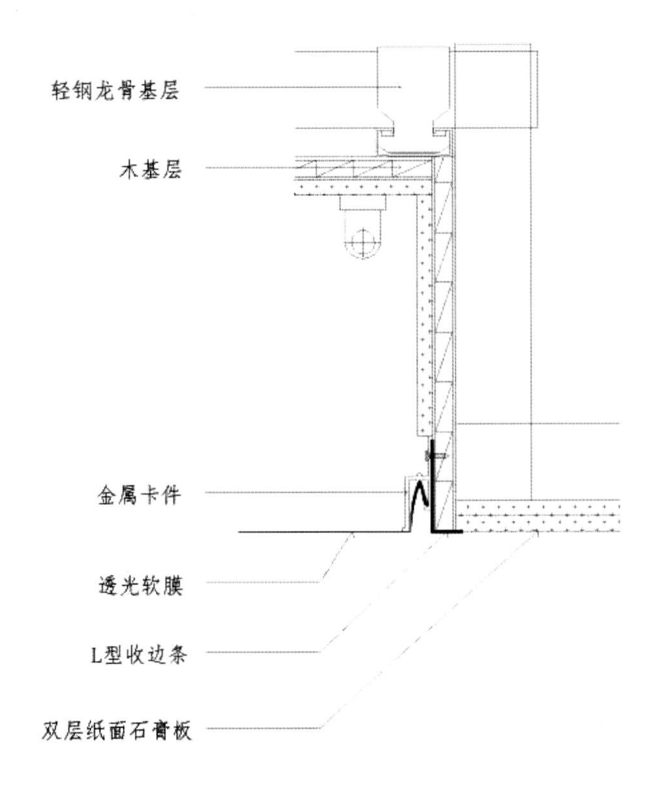

图 6.13　软膜天花吊顶构造

6.2 楼地面装饰构造

楼地面是楼屋面层和底层面层的总称，是人们日常活动时必须接触的部分，也是建筑中直接承受重量，经常受到摩擦清洗和冲洗的部分，因此楼地面装饰设计，除了要满足基本功能要求外，还应考虑人们在精神上的追求和享受，做到美观、舒适。

6.2.1 楼地面装饰的设计原则及种类

1．楼地面装饰的设计原则

（1）创造良好的空间氛围

地面要和整体环境协调一致，烘托气氛。从空间的总体环境效果来看，室内地面与墙面顶棚等应进行统一设计，将室内的色彩、肌理、光影等综合运用，同时要和室内家具、陈设等起到相互衬托的作用。

（2）注意地面图案的设计

地面图案的设计大致可分为3种情况：第一种是强调图案本身的独立完整性，如会议室，采用内聚性的图案，以显示会议的重要性。色彩要和会议空间相协调，达到安静、聚精会神的效果；第二种是强调图案的连续性和韵律感，具有一定的导向性和规律性，多用于门厅、过道等空间；第三种是强调图案的抽象性，自由多变，形态活泼，常用于不规则或布局自由的空间，如图6.14所示。

图6.14 地面图案的设计

（3）满足楼地面结构、施工及物理性能的需要

在对楼地面进行装饰设计时，要注意地面的结构情况，在保证安全的前提下给予构造、施工上的方便，不能只是片面追求图案效果。同时，要考虑防潮、防水、保温、隔热等物理性能的需要；要满足隔声需求，地面要有一定的弹性或选用有弹性垫层的面层，对音质要求高的房间，地面材料要满足吸音的要求。

2．室内地面的种类

（1）混凝土

混凝土地面的造价便宜，易于维护，一般分为普通混凝土地面和抛光混凝土地面。抛光混凝土地面是把混凝土地面经过密封固化剂处理并打磨抛光，具有耐磨、硬度高的特点。通常在工厂、仓库、停车场等场景较为常见。

（2）木质和竹类

木质和竹地面属于天然材质，导热系数低，冬暖夏凉，经久耐用，在环保和健康方面具有一定优势，但价格较为昂贵，常用于家庭、高端私人场所，如图 6.15 所示。

（3）石材类

地面装修常用的石材有大理石、花岗岩、板岩、石灰石等。由于石材类地面密度高、强度大、耐磨性好，多用于商场、医院和学校等人流量较大的区域。

（4）瓷砖类

瓷砖的质地接近于石材，因其廉价、品种多样，适用范围很广，如酒店、写字楼、商场和住宅（图 6.16）等。

图 6.15　木质地面

图 6.16　瓷砖地面

(5)地毯类

地毯是以棉、麻、毛、丝、草纱线等天然纤维或化学合成纤维类为原料，经手工或机械工艺进行编结、栽绒或纺织而成的地面敷设物，分为纯毛地毯、混纺地毯、化纤地毯、塑料地毯、草编地毯等。地毯常用于住宅、酒店、体育馆、展览厅、车辆、船舶、飞机等场所的地面，有减少噪声、隔热和独特的装饰效果，如图 6.17 所示。

(6)PVC

PVC 地板是当今非常流行的一种新型轻体地面装饰材料，也称为“轻体地材”。它以聚氯乙烯共聚树脂为主要原料，加入填料、增塑剂、稳定剂、着色剂等辅料，在片状连续基材上，经涂敷工艺或经压延、挤出或挤压工艺生产而成。PVC 地板的使用十分广泛，常用于医院、工厂、超市等场所，如图 6.18 所示。

图 6.17 地毯的装饰效果

图 6.18 PVC 地面

(7)油毡

由氧化亚麻籽油、树脂、胶结剂等材料混合颜料制成的环保地面，有不同的颜色、款式和图案，它具有防潮防水、寿命长、弹性好、耐磨等特点，而且有天然的抗菌性能，属于可回收材料，常用于厨房、浴室和洗衣房的地面铺设。

(8)涂料类

涂料类地面的种类很多，每一种涂料装修出来的效果和所适用的范围都不太一样，多用于工厂、仓库等工业场地。下面简单介绍 7 种涂料类地面。

① 环氧地坪漆主要是由环氧树脂 + 固化剂 + 颜料 + 助剂等材料混合而成的，其中包含的地坪漆品种众多，如防腐蚀地坪漆、防静电地坪漆及水性地坪漆等。其主要特征是与水泥基层的黏结力强，具有良好的涂膜物理力学性能等，适用于工厂、球场、停车场、商场等场所。

② 聚氨酯地坪漆。聚氨酯地坪漆由聚氨酯树脂和聚氨酯固化剂组成，相较于环氧地坪漆具有优异的强度和光泽，但耐磨性和耐久性低于环氧地坪漆。聚氨酯地坪漆耐候性优于环氧地坪漆，可应用于室外，不易破损，防腐效果更强。

③ 防腐蚀地坪漆。这种地坪漆除了具有一定的强度性能之外，还能够避免各种带有腐蚀性的介质，主要作为各种化工厂、卫生材料厂的地面装饰涂料。

④ 弹性地坪漆。这种地坪漆主要由弹性聚氨酯制成，因涂膜具有一定的舒适性，主要作为各种体育运动场所、公共场所及车间的地面装饰涂料。

⑤ 防静电地坪漆。防静电地坪漆除了能够排泄静电荷之外，还能预防因静电积聚而引发的安全隐患，同时还能屏蔽电磁干扰，并防止吸附灰尘等，适用于各种需抗静电的场所，如电子厂、实验室、微机室等。

⑥ 防滑地坪漆。这种地坪漆具有一定的摩擦性和防滑性，主要用于具有防滑要求的地面涂料装饰，是一类正处于快速应用与发展阶段的地坪漆。

⑦ 可载重地坪漆。与混凝土基层相比，可载重地坪漆的黏结度、拉伸度及硬度都较高，并且具有一定的抗冲击性能、承载力和耐磨性，适合作为需要有载重车辆和叉车行走的工厂车间、仓库等地坪装饰涂料。

6.2.2 楼地面装饰基本组成

楼地面的组成可以分为基层、中间层、面层 3 部分。

1. 基层

基层的作用在于承受其上面全部荷载，它是楼体地面的基体，因此要求基层坚固稳定。

2. 中间层

中间层包括垫层、防水层、找平层、结合层和其他结构层，施工材料不同，中间层包含的结构层也不同。

垫层位于基层之上，其作用是将上部的各种荷载均匀地传给基层，同时还起着隔声和找平的作用。垫层按材料性质的不同可分为刚性垫层和非刚性垫层两种。

防水层用于防止地面面层上的液体透过地面基层，或防止地下水通过地面渗入室内的构造层。通常可以使用卷材防水，也可使用防水砂浆和防水涂料防水。

找平层是指在粗糙的表面上起找平作用的构造层，用于上层对下层有平整要求的楼地面找平层，常用 1∶3 水泥砂浆 15～20mm 抹成。

结合层是能够促使上、下两层之间结合牢固的媒介层，如水泥砂浆、注水泥浆、沥青等。

3. 面层

面层是楼地面的表层，即装饰层，它是人们日常活动直接接触的结构层次，也是地面承受各种物理化学作用的表面层。由于它直接受外界各种因素的作用，所以无论何种构造的面层，都应具有耐磨、平整、隔声、防水、防潮等性能。

6.2.3 常见地面构造

1. 整体式楼地面

整体式楼地面是整片地面，无缝隙，整体效果好。做法大多是属于土建工艺，下面只进行简要叙述。

（1）水泥砂浆楼地面

水泥砂浆楼地面有单层和双层之分。材料包括水泥、砂、颜料、混合剂。对于浴室、卫生间等防水要求较高的楼地面，在结构层与装修装饰层之间要加设防水层。首层水泥砂浆楼地面和标准层水泥砂浆楼地面的构造分别如图 6.19、图 6.20 所示。

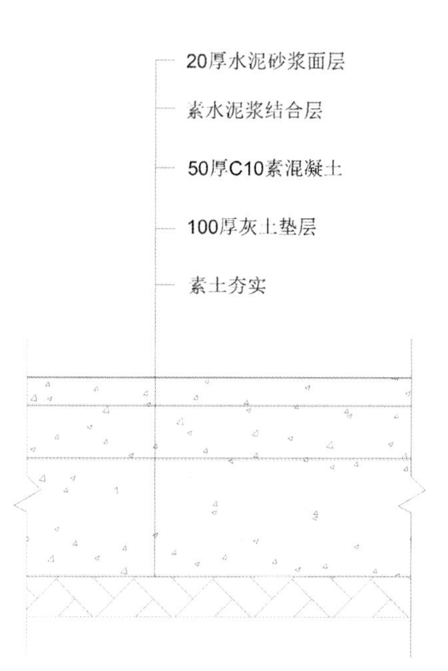

图 6.19　首层水泥砂浆楼地面（单位：mm）

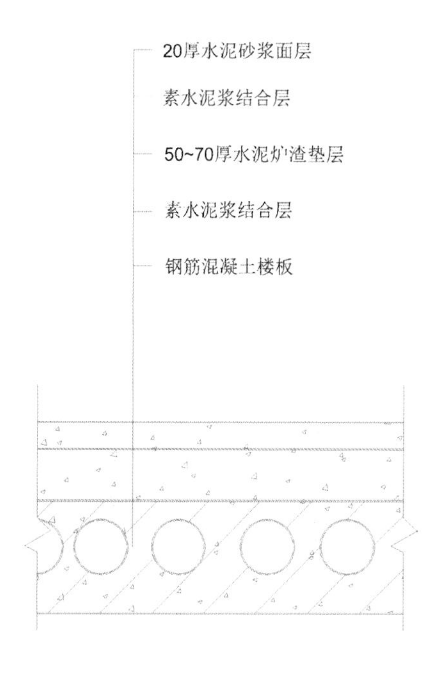

图 6.20　标准层水泥砂浆楼地面（单位：mm）

工艺流程：基层处理→找标高→贴饼冲筋→搅拌→铺设砂浆面层→木抹子搓平→铁抹子压第一遍→第二遍压光→第三遍压光→养护。

（2）混凝土地面

混凝土地面一般使用细石混凝土，其做法构造与水泥砂浆楼地面基本相同。

（3）现浇水磨石地面

现浇水磨石地面施工需在墙面抹灰基层已完成、门框已安装好、水电预埋管线已完成、地面各种管洞已堵好之后，才能进行。

工艺流程：基层处理→根据标高弹水平线→垫层→水泥砂浆找平层→养护→弹分格线→镶分格条→罩面→水磨→涂刷草酸→打蜡。

（4）自流平地面

自流平其实是一种找平工艺，利用自流平砂浆的可流动性，在地面铺开，自由流动形成一个平整的面。形成的面层可以作为木地板的垫层，解决了薄地板对地面平整度要求高的问题。

工艺流程：基面的处理→涂抹界面剂→搅拌砂浆→倾倒砂浆→用刮板加速流平→消泡→自然阴干。

（5）涂布地面

涂布地面是一种无接缝的地面，以合成树脂及其复合材料代替水泥。这种地面涂层薄，施工简便，造价低。

2．块材楼地面

块材楼地面一般是指使用大理石、花岗岩、瓷砖、缸砖及水泥砖等材料铺砌的楼地面。它具有耐磨损、易清洁等优点，常铺砌在刚性和整体性较好的细石混凝土或混凝土预制板上。块材楼地面的一般做法为：先处理清洁灰尘和杂物并做找平层，然后铺水泥砂浆结合层。在面层铺贴时，应先试铺，以检查块材的尺寸和砂浆的平整度，待调整之后再进行正式铺贴，最后是后期处理，包括板缝的修饰、块材与踢脚板的交接、打蜡等。

（1）陶瓷地砖

陶瓷地砖有釉面地砖、防滑地砖、大理石地砖等类型。常见规格有 300mm × 300mm、600mm × 600mm、800mm × 800mm 等。

一般施工流程如下。

① 验砖。检查地砖质量，检查是否有翘曲，尺寸、颜色是否正确棱角是否有缺损。

② 浸泡。将地砖放入水中浸泡，这是因为瓷砖本身有一定的吸水性，在未经过浸泡的前

提下铺贴瓷砖，会快速吸收水泥砂浆中的水分，使水泥砂浆凝结速度过快从而造成瓷砖空鼓。釉面砖要浸泡 2h 以上。

③ 弹线找平。

④ 切割。在地砖铺贴过程中，由于墙面管线及墙体凹凸不平会造成误差，常影响铺贴水平，这种情况可以使用云石机对瓷砖边角进行微调，从而保证瓷砖平整。

⑤ 地砖铺贴，如图 6.21 所示。

⑥ 勾缝和清理。地砖铺贴好后，为避免空鼓，需用橡胶锤轻轻敲打地砖，让沙浆铺平铺实；地砖在铺贴中需要留缝，可在地砖间夹塑料薄片、十字卡等，把地砖分隔开留缝和解决地砖下滑、变歪等问题。使用 1∶1 砂浆填缝或使用美缝剂美缝。地砖缝铺设如图 6.22 所示。

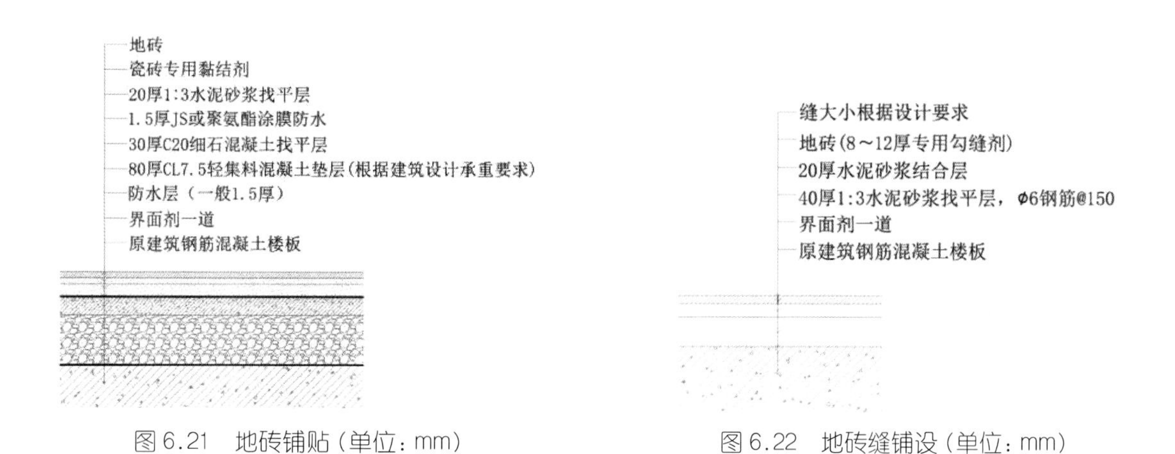

图 6.21　地砖铺贴（单位：mm）

图 6.22　地砖缝铺设（单位：mm）

地砖铺设有一种特殊情况，就是卫生间地砖的铺设。由于卫生间的排水需要，需要挖排水沟并在铺设时做一定的坡度，方便排水。

一般施工流程如下。

① 防水处理。在铺贴地砖之前，首先要对卫生间地面做防水处理，对地面及墙面涂刷防水涂料后，将水管口封闭进行地面防水测试。防水是一项非常重要的隐蔽工程，一旦防水出现问题，维修会非常麻烦。注意，刷防水涂料后，务必要进行闭水测试。

② 铺贴地砖。卫生间的地面地砖铺贴要有 2%～3% 的坡度向地漏方向倾斜，确保地漏为卫生间地面最低点。地漏位置示意如图 6.23 所示。

③ 挖排水孔。地漏应低于地面砖 2～4mm，如地漏正好在一块地砖中间，应向四角斜向开槽。

（2）石材楼地面构造

天然石材是经过开采和多道机械加工而形成的天然高级装饰材料，主要有大理石和花岗岩两类。天然石材色彩丰富，光泽度优良，常用于酒店、银行、博物馆等场所。

大理石表面经抛光后，光洁细腻，纹理自然，也可以加工成亚光板。花岗岩密度大，抗压强度高，吸水率低，材质坚硬。按其表面的加工方式可分为磨光板、粗磨板、火烧板、剁斧板、机刨板。

由于石材与陶瓷地砖均属于刚性装饰材料，所以在施工工艺上大同小异。石材与地砖铺贴如图 6.24 所示。人造石材在色彩和纹理上模仿天然石材，其材料强度高、耐磨、耐腐蚀。

图 6.23　地漏位置示意

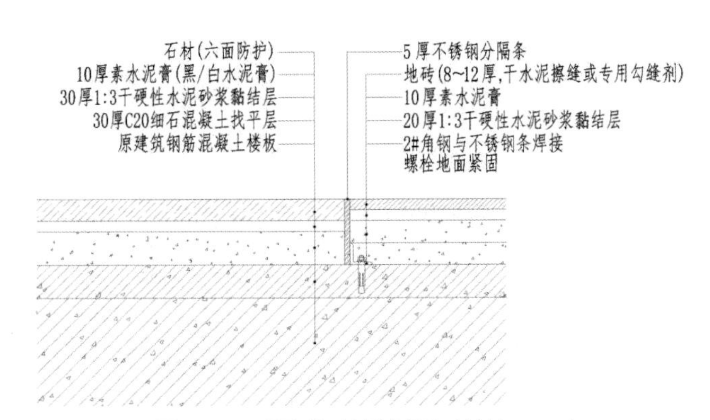

图 6.24　石材与地砖铺贴（单位：mm）

3．木质楼地面

木质楼地面又称木地板，它具有自重小、易涂饰、不起灰、保温隔热性能好等优点。

（1）木地板装饰构造

各类地板装饰构造与做法的区别在于对基层的处理上，主要有水泥砂浆基层、实铺式木基层、架空式木基层等。水泥砂浆基层常用于粘贴法施工的木地板，即将木地板直接用胶结剂粘在水泥砂浆基层上，这种做法不太常见。木地板铺设常见做法是实铺式木基层和架空式木基层。

① 实铺式木基层。利用现浇楼地面或预制楼地面上的垫块或找平层混凝土中预埋的锚固螺栓、镀锌铁丝固定梯形截面的木格栅，木格栅之间通常应设横撑。

② 架空式木基层。架空木基层是先在找平层上固定梯形截面的木格栅，然后在木格栅上钉长条木地板的形式。架空式木基层通常用于演艺场所及竞技比赛等场地。

在做架空式木基层之前，木材料都要进行防潮处理。

（2）木地板的分类及构造

木地板主要可分为两大类，即复合木地板和实木地板。

① 复合木地板是由多层不同性能的材料复合而成的地面装饰材料。复合木地板防潮、耐火，具有耐磨的表面层、装饰层、增强层、高密度纤维板基层等。铺装工艺如图 6.25 所示。

② 实木地板面层的做法多采用拼贴法和铺贴法，其拼接的形式有对接、企口接、嵌榫接、错缝接、嵌条接等。其中，企口接因其具有拼缝严密、整体性好、拼装方便等优点，运用最为普遍。条形木地板面层铺贴的形式包括错缝式钉铺、无规则式钉铺等。铺装工艺如图 6.26 所示。

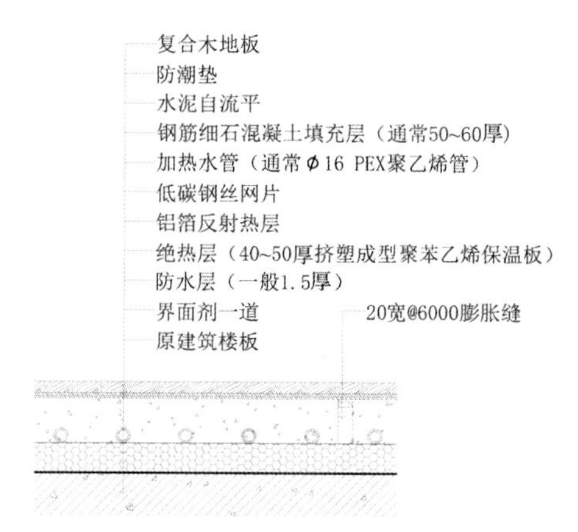

图 6.25　复合木地板铺装（含地暖）（单位：mm）

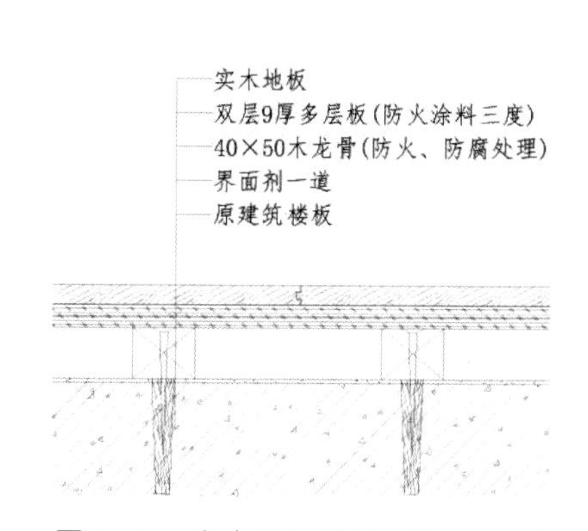

图 6.26　实木地板铺装（单位：mm）

4．人造软质材料楼地面

地毯楼地面具有吸音、防滑、保温、隔热等性能，其铺设方法主要有活动式铺设和固定式铺设两种。

（1）活动式铺设

活动式铺设是指将地毯直接铺放在基层上的铺设方法，适用于面积较小、活动不频繁的场合。

（2）固定式铺设

固定式地毯铺设适用大多数情况。常用施工方式是用胶结剂将地毯背面的四周与地面黏接住，如图 6.27 所示。或使用挂毯条固定，即先将带有钉钩的卡条安装在地面上，再将地毯边缘固定到钉钩上，最后用卡条卡紧。常用的挂毯条是由铝合金支撑的，它既可用来固定地毯，也可用于地毯与其他材质边界交接的收边。

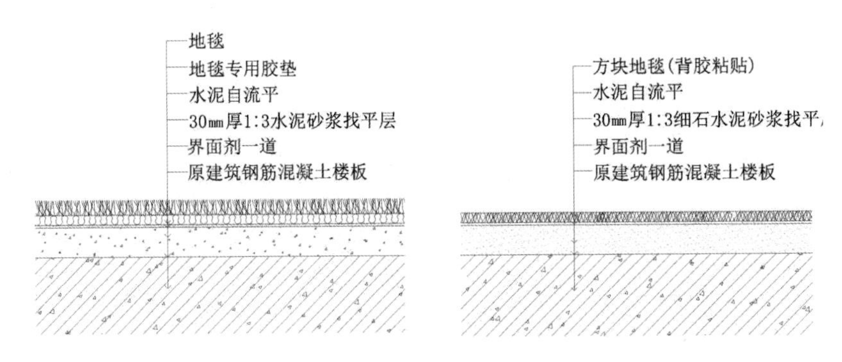

图 6.27　地毯铺设节点图

6.2.4　地脚线铺贴

地脚线又称地脚板，是楼地面和墙面相交处的一个重要构造节点。它遮挡地面与墙面的接缝，使之更好地结合牢固，减少墙体变形，避免外力碰撞造成破坏，同时它也对室内装饰起着美化的作用。

1．铺贴类地脚线

常见的铺贴类地脚线有水磨石地脚线、陶板地脚线、石板地脚线等，木饰面墙面与石材地脚线的铺贴如图 6.28 所示。

施工流程：提前一天湿润→将阳角处砖切成 45° →由阳角开始向两侧铺贴。

2．木质地脚线

木龙骨基层地板与木质地脚线的铺贴如图 6.29 所示。

施工流程：弹线→打入木楔→安装地脚线。

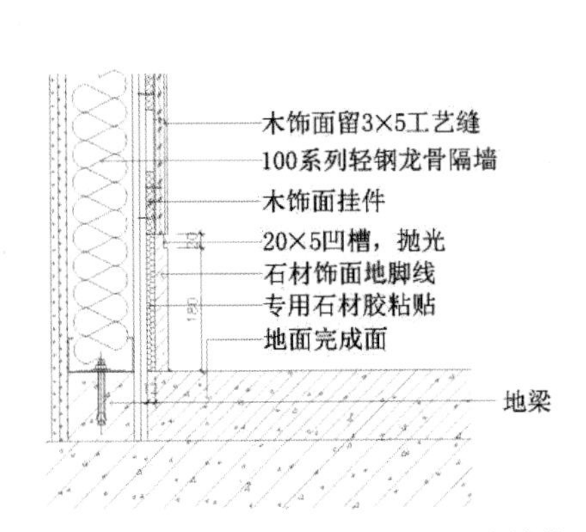

图 6.28　木饰面墙面与石材地脚线的铺贴（单位：mm）

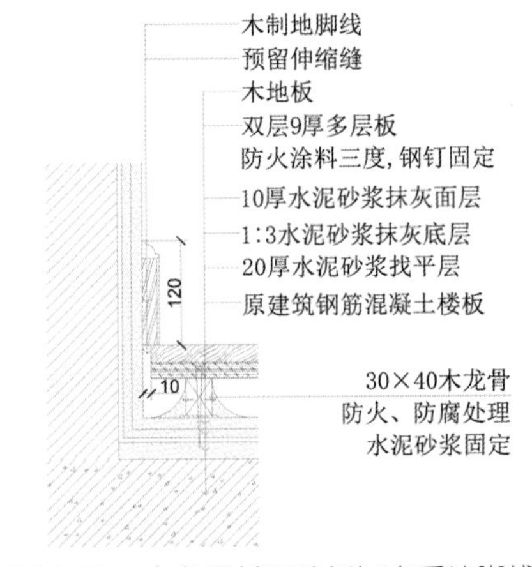

图 6.29　木龙骨基层地板与木质地脚线的铺贴（单位：mm）

3．塑料地脚线

目前的装饰装修市场上，在使用木地板时，经常会使用与之搭配的塑料地脚线。

施工流程：墙面找平→安装底座→安装地脚线。

6.2.5　地暖改造工程

地暖改造工程的施工流程如下。

① 剖开地面。

② 铺设保温板，在铺设保温板时注意整块板放在四周，切割板放在中间，缝隙不大于5mm。

③ 反射膜铺设，反射膜之间需用透明胶带或铝箔胶带粘贴。

④ 铺设地暖管道，示意图如图6.30所示。

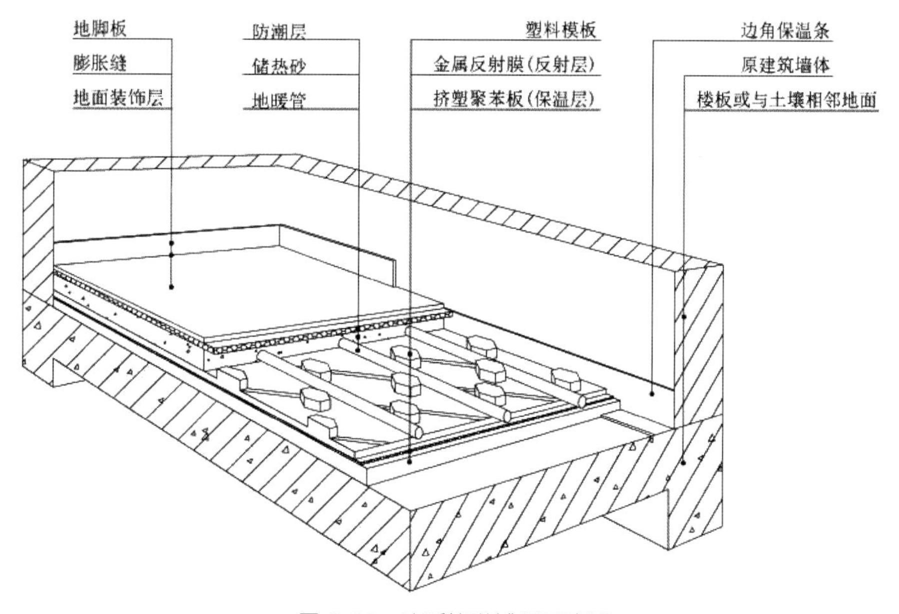

图6.30　地暖管道铺设示意图

⑤ 铺设200mm×200mm钢丝网，钢丝网用管卡固定。

⑥ 分水器要安装在方便维修的位置，附近留有三孔插座。

⑦ 鹅卵石铺设。

⑧ 混凝土回填。

带地暖的地砖铺贴和地板铺贴分别如图6.31、图6.32所示。

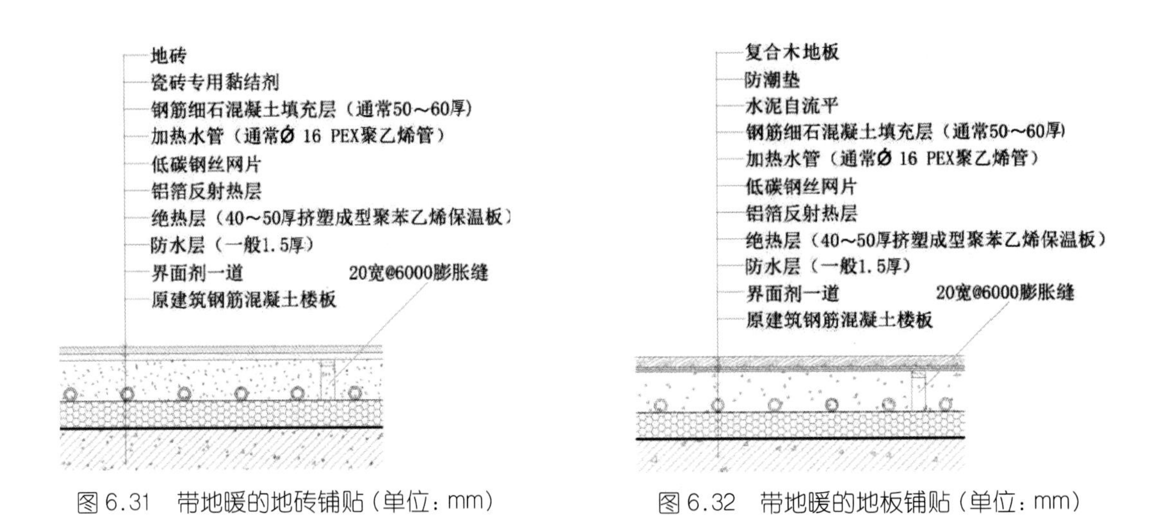

图6.31　带地暖的地砖铺贴（单位：mm）　　图6.32　带地暖的地板铺贴（单位：mm）

6.3　墙面、隔断装饰构造

墙面是室内设计的重要组成部分，因此要求墙面必须细腻、美观，具有良好的触感。保护墙体、满足使用需求、美化环境是墙面装饰的基本要求。

6.3.1　墙面及隔断装饰设计原则

1. 保护墙体

墙面的装饰构造要能够保护墙体，以避免人为的碰撞和摩擦造成的伤害，延长墙体的使用寿命。

2. 满足使用需求

一些具有特殊用途的房间，比如影音室、会议厅等，需要通过墙面的装饰来满足其使用功能。开敞空间由于功能不同，需要设置轻型隔墙。

3. 美化环境

墙面及隔断的装饰要满足审美效果，形式、色彩、图案及材料的使用都应恰当，给人以美好的视觉享受。同时，由于受室内空间的限制，墙体装饰要给人以良好的触觉体验。

6.3.2　隔断、隔墙的施工构造及特点

1. 隔断

(1) 隔断的种类及特点

隔断的主要功能是分隔室内空间。隔断可分为固定式隔断和活动式隔断两类，固定式隔

断又分为玻璃隔断、博古架隔断（图 6.33）、镂空式隔断（图 6.34）等，活动式隔断有家具式隔断、移动式隔断等。

图 6.33 博古架隔断

图 6.34 镂空式隔断

玻璃隔断具有空透、明快、色彩艳丽等特点，能够分隔空间又不完全遮挡视线，常用在公共空间和居住空间，一般采用硬木框架铝合金框架或不锈钢框架，内嵌玻璃制作而成。玻璃隔断可以使用普通玻璃、磨砂玻璃，也可以刻花、套色、夹花。

（2）玻璃隔断

玻璃隔断安装节点如图 6.35 所示。

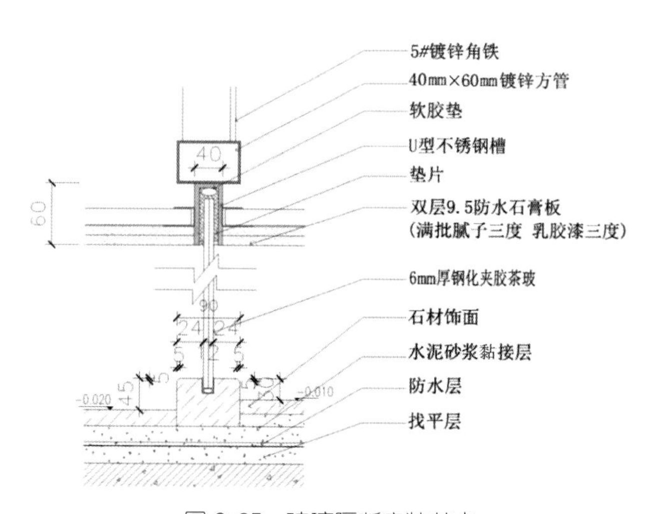

图 6.35 玻璃隔断安装节点

博古架隔断是模仿中国传统室内装饰的一种隔断形式。由于其构造简单，造价低廉，外观古朴典雅，所以被广泛使用。

镂空式隔断一般采用竹木等构件，形成半遮挡的效果，在空间的功能上进行分隔，但不阻挡视线和声音。

家具式隔断是采用一定的功能性家具将空间进行分割。

移动式隔断通常可以开启和闭合。当其开启时，空间被分隔成多个小空间；当其闭合时，空间为一个整体。

（3）隔断构造

由于不同的设计，隔断的构造也不尽相同。隔断的基本构造如图 6.36 所示。

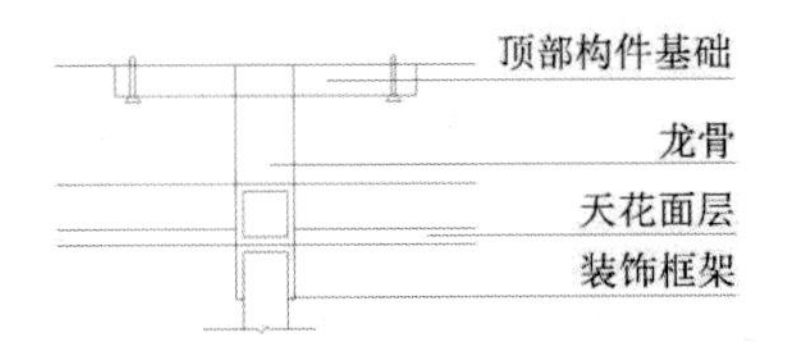

图 6.36 隔断的基本构造

2．隔墙的构造及特点

隔墙是分隔建筑物内部空间的墙。隔墙不承重，一般要求轻、薄，有良好的隔声性能。对于不同功能的房间，隔墙的要求也不同，如厨房的隔墙应具有耐火性能；盥洗室的隔墙应具有防潮功能。隔墙应尽量便于拆装。按照构造方式，可以分为块材式隔墙、立筋式隔墙、板材式隔墙三大类。

（1）块材式隔墙

块材式隔墙是指用黏土砖、空心砖等块材砌筑的隔墙。隔墙的厚度一般比墙体薄，常见厚度为 120mm 或 60mm，使用红砖砌筑。砌块隔墙一般用加气混凝土砌块、水泥矿渣空心砖、粉煤灰硅酸盐砌块等砌筑，厚度为 90～120mm。块材式隔墙示意图如图 6.37 所示，块材式隔墙剖面图如图 6.38 所示。

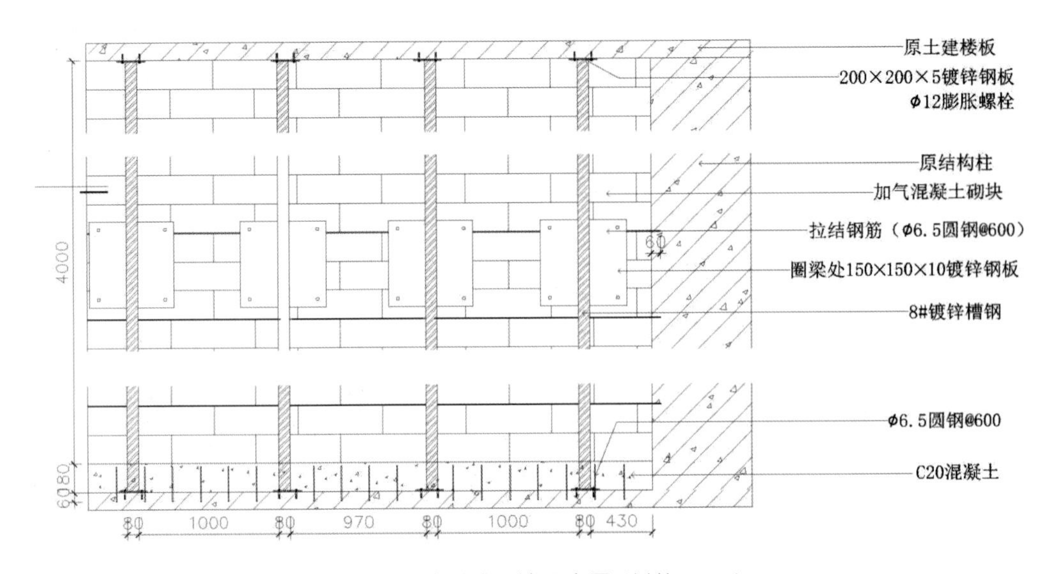

图 6.37 块材式隔墙示意图（单位：mm）

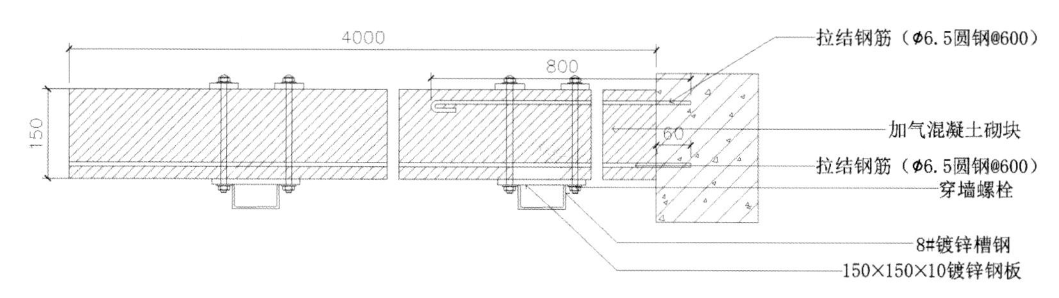

图 6.38　块材式隔墙剖面图（单位：mm）

（2）立筋式隔墙

立筋式隔墙是由龙骨和面材组成的轻质隔墙。一般由沿顶龙骨、沿地龙骨、横撑龙骨、加强龙骨和各种配件组成。这种隔墙体量较轻，可以缓解楼板承重的问题。面板与骨架的固定方式有钉、粘或者通过专门的卡具连接。轻钢龙骨隔墙示意图和剖面图分别如图 6.39、图 6.40 所示。

（3）板材式隔墙

板材式隔墙一般不使用骨架，并且厚度较大，在必要时也可按一定间距设置一些竖向龙骨，以提高其稳定性。

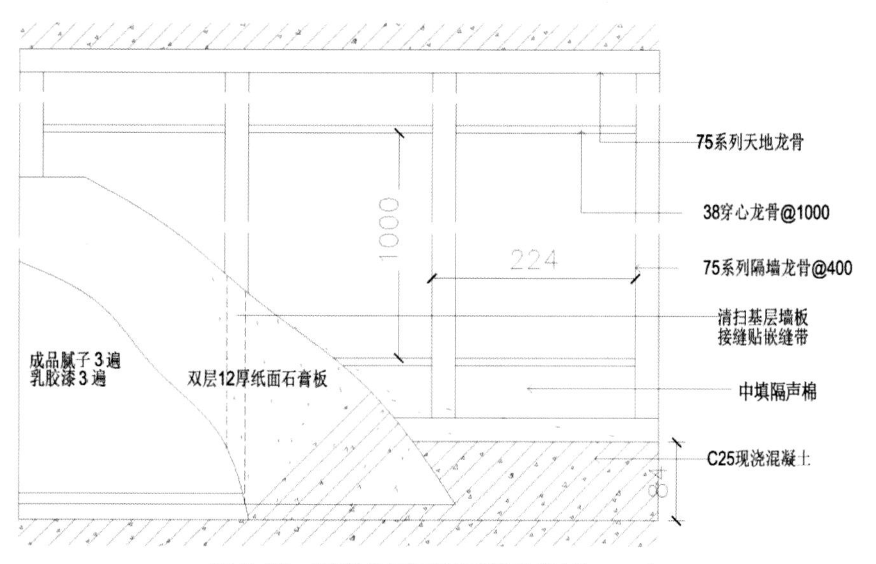

图 6.39　轻钢龙骨隔墙示意图（单位：mm）

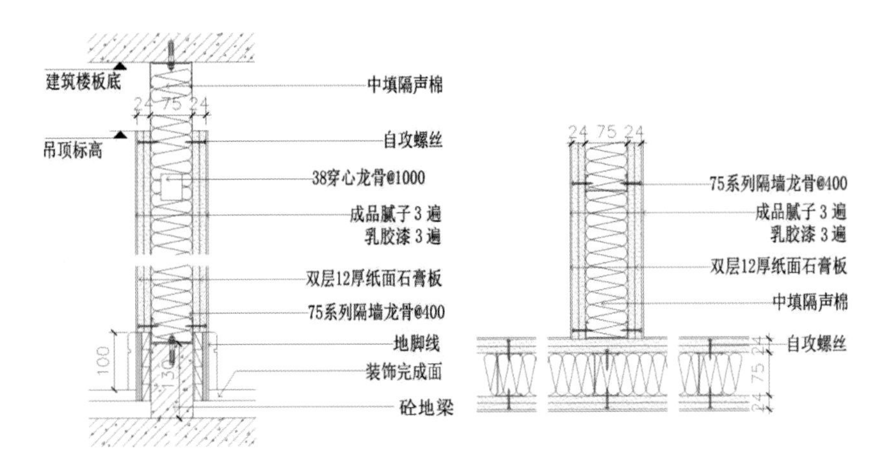

图 6.40　轻钢龙骨隔墙剖面图（单位：mm）

6.3.3　墙面及隔断的装饰方法

墙面的装饰方法有很多种，按材料及施工方式可分为抹灰类、贴面类、钩挂类、贴板类、裱糊类。

1. 抹灰类

抹灰类墙面装饰主要是为保护墙体，改善室内卫生条件，增强光线反射，美化环境。这种方式施工方便，但劳动强度大，耐久性不够理想。内墙一般采用混合砂浆抹灰、水泥砂浆抹灰、纸筋灰、麻刀灰和石灰膏罩面。在墙面抹灰时可采取一定的特殊工艺，比如喷涂、弹涂、拉毛、甩毛等方式，装饰性更高。抹灰类墙面构造如图 6.41 所示。

2. 贴面类

贴面类墙面装饰常用陶瓷面砖、天然石材、人造石材等装饰材料，这些材料款式多样、图案丰富，具有良好的装饰效果。贴面类墙面铺贴构造如图 6.42 所示。

3. 钩挂类

（1）钩挂法

钩挂法又称贴楔固法，是将饰面板以不锈钢钩直接楔固于墙体上。具体做法为：在面板四周钻孔，再在墙体上钻 45° 斜孔，用 U 形钉将面板上的孔与墙体上的孔连接，用小木楔揳紧，注满云石胶。

图6.41　抹灰类墙面构造（单位：mm）

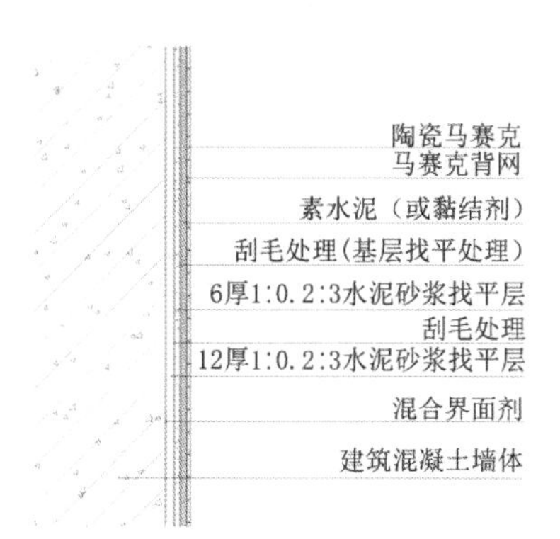

图6.42　贴面类墙面铺贴构造（单位：mm）

（2）系挂法

系挂法又称钢筋网挂贴湿作业法，先是将饰面板打眼儿或开槽，再用铜丝或镀锌铅丝绑扎在钢筋上，最后灌注水泥砂浆将板贴牢。

（3）干挂法

干挂法又称空挂法，是利用金属挂件将石材饰面直接悬挂在结构主体上，不需要再灌浆粘贴，因此避免了因水泥化学作用造成的饰面石材表面发生变色、锈斑、空鼓、裂缝等问题。干挂石材剖面图如图6.43所示。

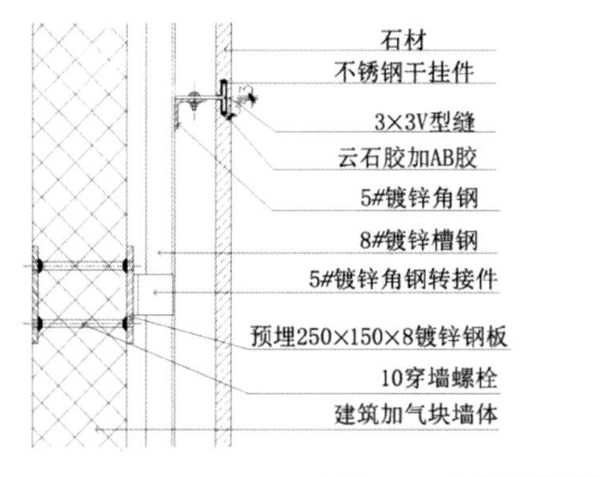

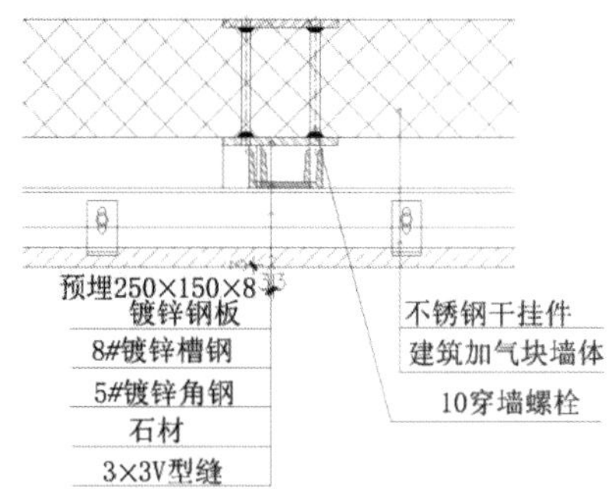

图6.43　干挂石材剖面图（单位：mm）

4．贴板类

贴板类装饰构造常用竹、木、革、玻璃等材质制成各类饰面板。常采用固定的龙骨骨架在墙体上形成结构层，通过钉、镶嵌、贴等构造手法做成墙面饰面。

5．裱糊类

裱糊类装饰材料可分为墙纸、墙布、金属墙纸、软木壁纸等，用裱糊的方式覆盖在外表面，作为饰面墙的墙面，这类装饰材料种类多样、色彩齐全，常用在曲面部位，因为它们属于柔性材料，可以连续裱糊。这种裱糊类装饰材料效果好、造价低，保养方便。在施工时，墙面基层要先进行防潮处理，然后润纸、涂胶、裱贴。

6.3.4 室内管道装饰

在室内设计中进水、排水等管道外露不美观，需要做一定的装饰。常用的方法是：先用橡胶板包裹水管进行隔声防潮，再用白胶带固定包裹起到良好的降噪和防结露的作用，最后用轻体砖围砌后表面加以装饰。

6.4 门窗构造

门窗是建筑造型的重要组成部分，它除了具有采光通风等主要功能外，还应具备保温、隔热、隔声、防雨、密闭、防腐、防盗等特性。

6.4.1 门窗的形式与组成

门窗有多种形式，按其开启方式可分为平开门窗、推拉门窗、折叠门窗、上悬窗、下悬窗、中悬窗等。

1．平开门窗

平开门窗的优点是开启面积大、通风好、密封性好、隔声、保温、抗渗性能优良。缺点是门窗开幅小，视野不开阔。尽量不要在高层使用平开门窗，易受风雨损害，且不安全，如图 6.44 所示。

2．推拉门窗

推拉门窗的优点是简洁、美观、门窗开幅大、视野宽广、使用灵活、安全可靠、使用寿命长，在一个平面内开启，占用空间少，如图 6.45 所示。

3．折叠门窗

折叠门窗是指门窗的扇叶可折叠。这类门窗可有效节约空间，具有质量轻、保温、隔冷热等优点，缺点是滑道易磨损，如图 6.46 所示。

图 6.44　平开门窗

图 6.45　推拉门窗

图 6.46　折叠门窗

4．上悬窗

上悬窗是在平开窗的基础上发展出来的新形式。它一般有两种开启方式，既可平开，又可从上部推开或拉开，窗的上方可以开口。这种窗既可以通过开窗形式调节通风，又可以保证安全，如图 6.47 所示。

5．下悬窗

下悬窗可从下部推开或拉开，如图 6.48 所示。

6．中悬窗

中悬窗可从上部或下部打开，折曳在窗的中部，如图 6.49 所示。

图 6.47　上悬窗

图 6.48　下悬窗

图 6.49　中悬窗

6.4.2 门窗构造节点图

弹簧门节点图如图 6.50 所示，木门节点图如图 6.51 所示，木门立面图如图 6.52 所示，石膏板吊顶窗帘盒构造如图 6.53 所示，矿棉板吊顶窗帘盒构造如图 6.54 所示。

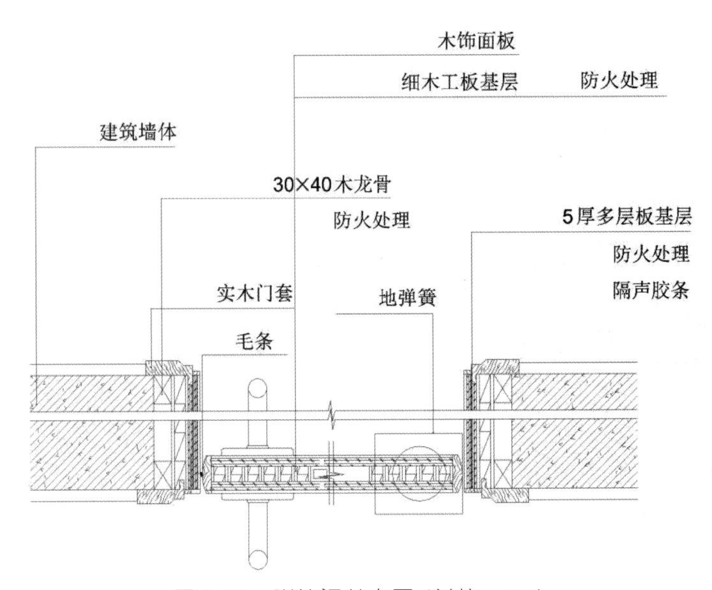

图 6.50 弹簧门节点图（单位：mm）

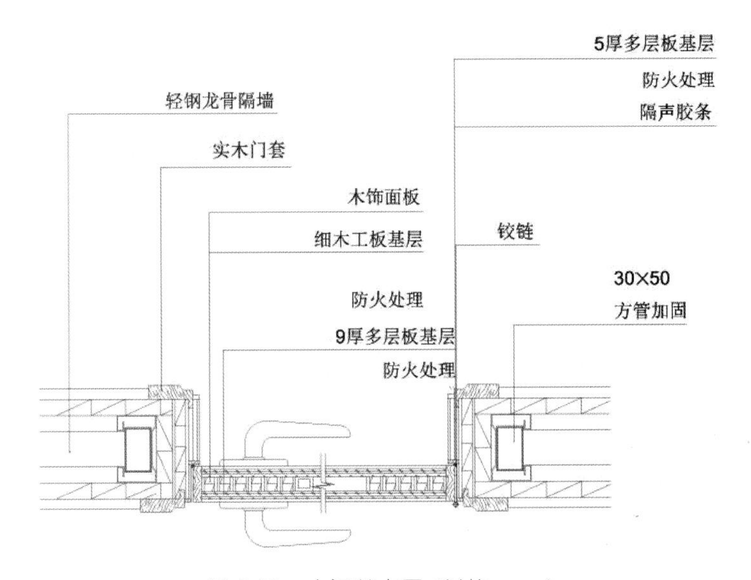

图 6.51 木门节点图（单位：mm）

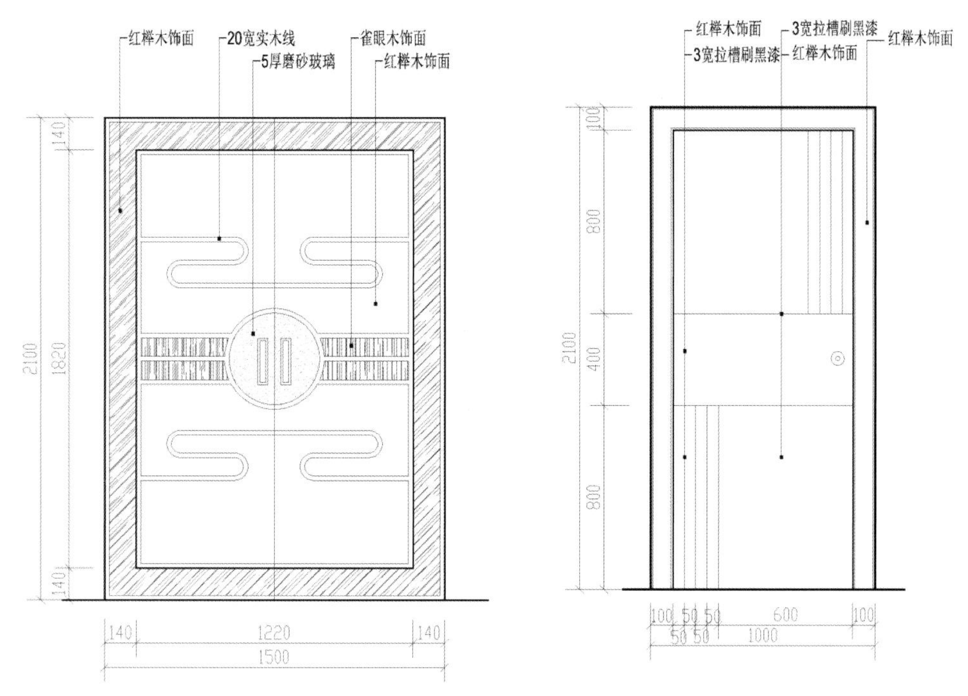

图6.52　木门立面图(单位：mm)

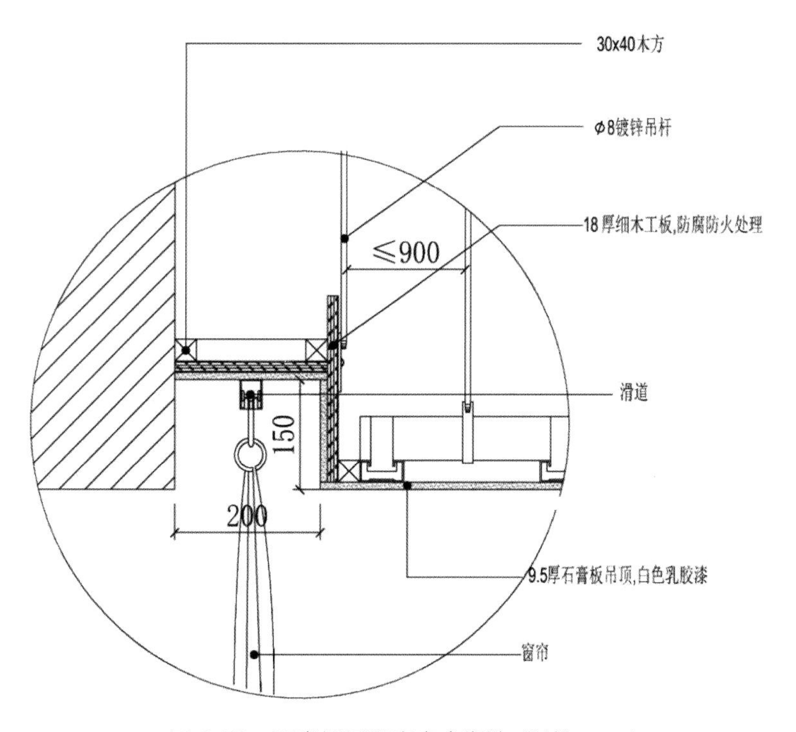

图6.53　石膏板吊顶窗帘盒构造(单位：mm)

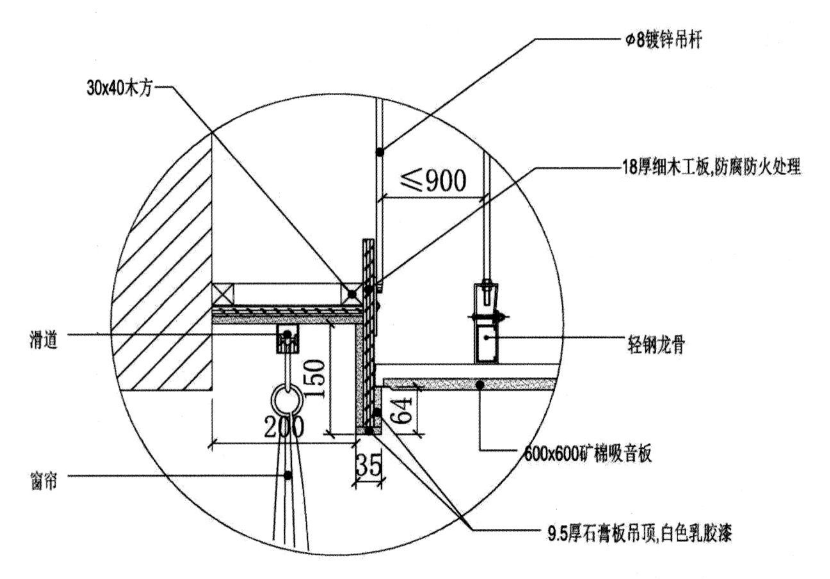

图 6.54　矿棉板吊顶窗帘盒构造（单位：mm）

单元训练和作业

1. 作业内容

到施工现场进行调研，拍摄现场节点照片，结合网络调研资料，说明各界面处理、材料衔接方法、装饰材料使用等细节构造，并分析使用这种构造的优、缺点，从而了解装饰材料施工构造，理解施工构造对设计方案实现的重要作用。

2. 课题要求

选择一个现成的室内装饰空间效果图或实景图，将设计的主要材料、构造标注出来。剖析图中的主要材料和构造设计方法，选取适当节点画出节点大样图，尺寸标注、材料标注应符合标准，比例适当，图名准确，图纸表现方式不限。

课题时间：16 课时。

教学方式：使用多媒体图片进行引导，作业完之后进行点评，运用文字注解，重点点评。

要点提示：绘制细节准确，突出构件连接和材料的选取，尺寸准确。

教学要求：先进行分析，在草图中标注，再依据草图，使用 AutoCAD 或手绘等方式整理成图。

训练目的：学会调研，确立目标和方向，掌握施工节点构造方法，使用计算机软件绘制或手绘均可；通过时间强化，训练独立思考和处理细节的能力。

3．其他作业

在分析项目案例的材料和构造节点之后，可以将项目图中的设计装饰进行改变，使用不同材料和构造进行表现，找出更适合该空间的设计材料和构造，绘制平面图、立面图和构造节点图，标注材料名称及施工工艺。

4．思考题

使用者对某空间进行一定的空间功能要求，同学们作为设计师，根据使用者的功能需求，完成一个 $30m^2$ 空间的设计，制作效果图、施工图、材料分析图。

5．相关知识链接

（1）阅读《室内设计原理与方法》（刘刚田著，北京大学出版社），了解室内设计的构成要素、设计方法等知识，让施工构造更好地为设计服务。

（2）阅读《建筑设计防火规范（GB 50016—2014）》的“5 民用建筑”“6 建筑构造”，了解材料使用规范。

第7章

施工图选编

要求与目标

要求：通过工程案例，掌握装饰材料标注方法及施工图涵盖的内容及表现方式。

目标：提高施工图纸的绘制能力，熟悉并掌握工程案例装饰材料的标注方法及施工节点的绘制，为全面掌握装饰材料与施工构造打好基础。

引言

施工图是在方案设计实施过程中指导施工方准确完成设计构思的重要手段。装饰施工图包括工程平面图、立面图、天花顶棚图、铺装图和节点详图的表达，应掌握尺寸、材料的规范性标注方式，注重制图规范，以达到指导施工的目的。

本章选编了一些施工图，供广大读者参考，请扫描以下二维码查阅。

【施工图选编（一）】

【施工图选编（二）】

【施工图选编（三）】

单元训练和作业

1．作业欣赏

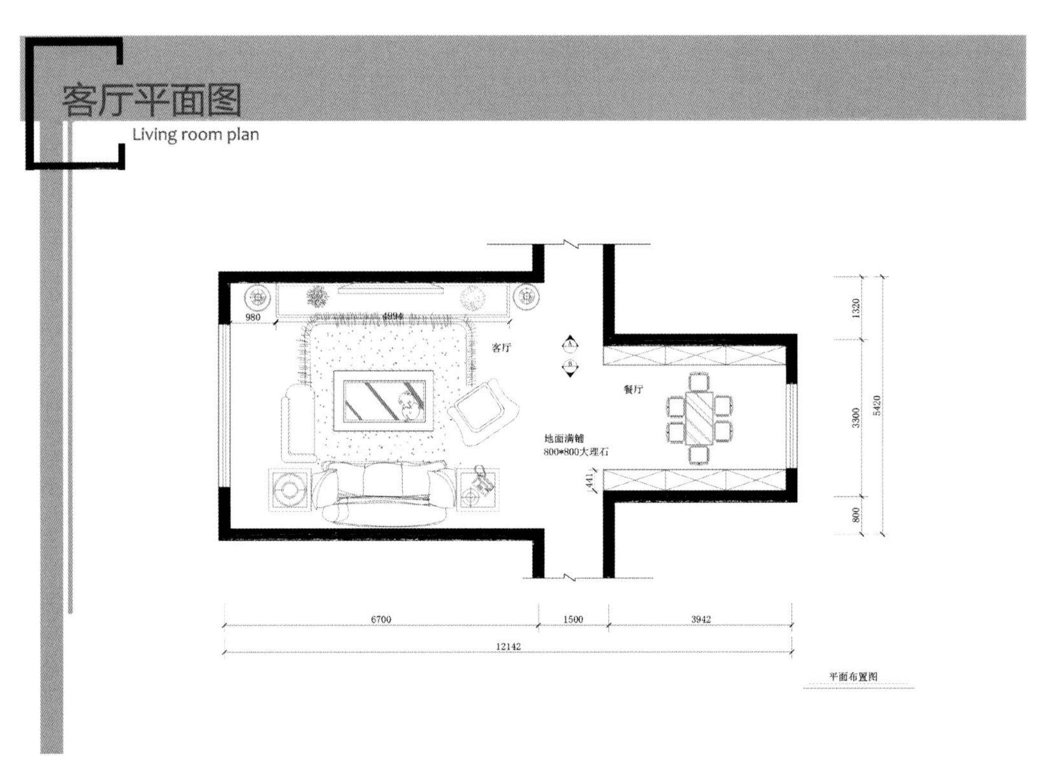

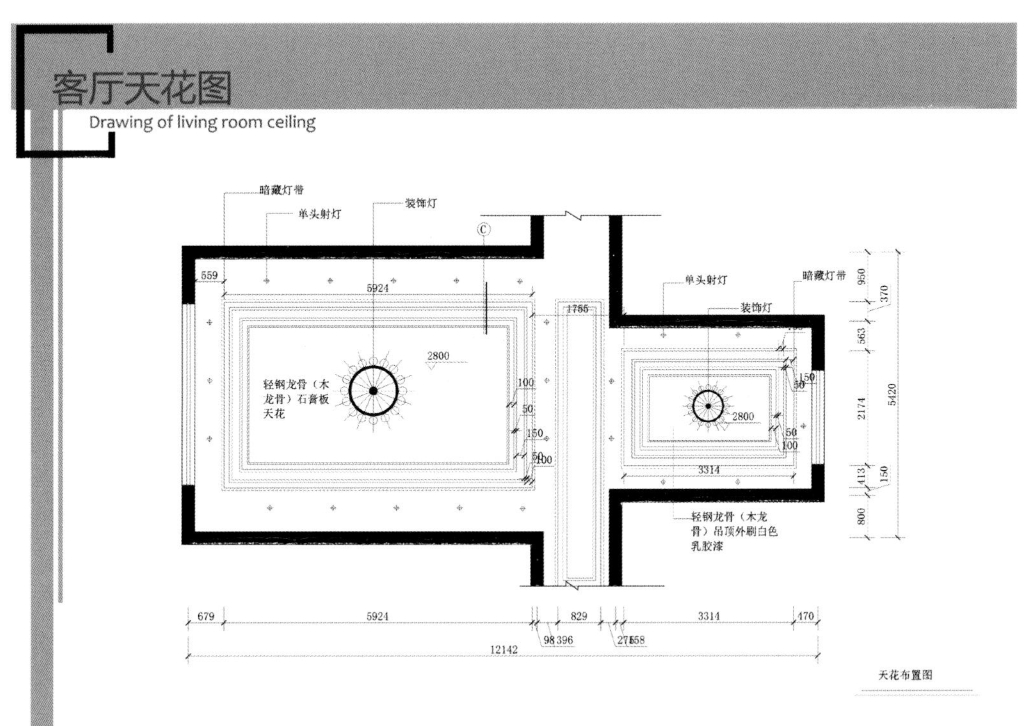

客厅A立面图

A Living room elevation

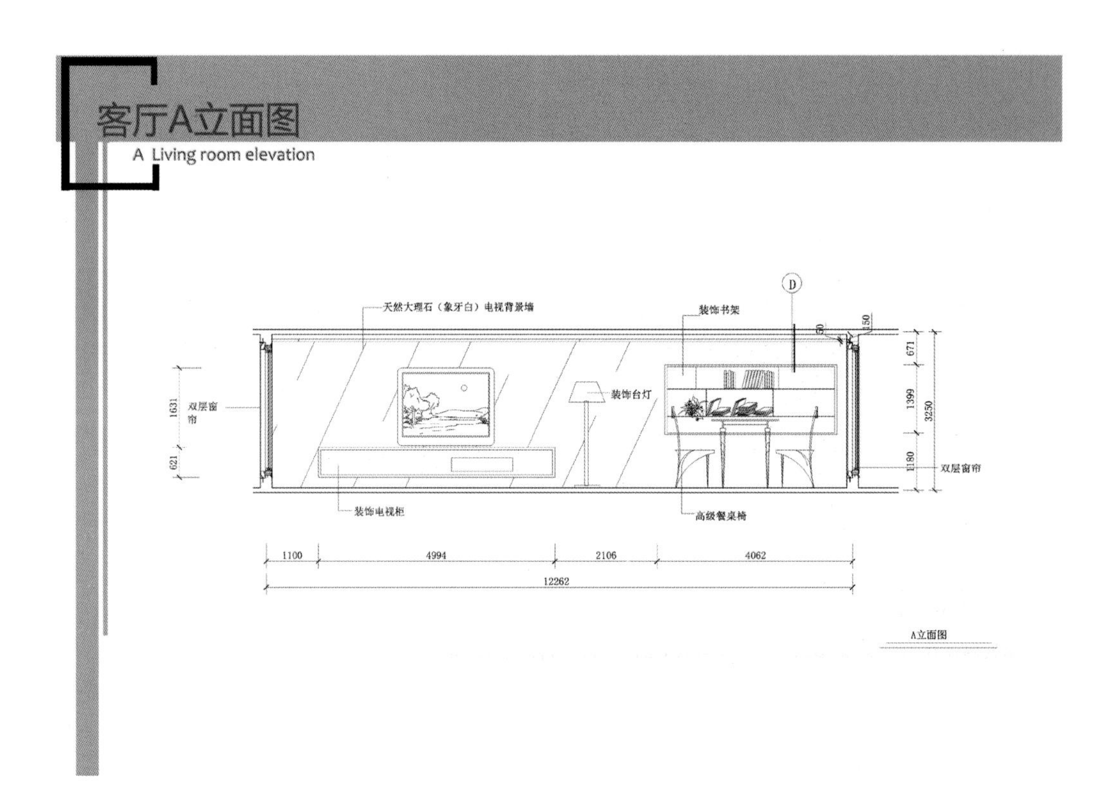

客厅B立面图

B Living room elevation

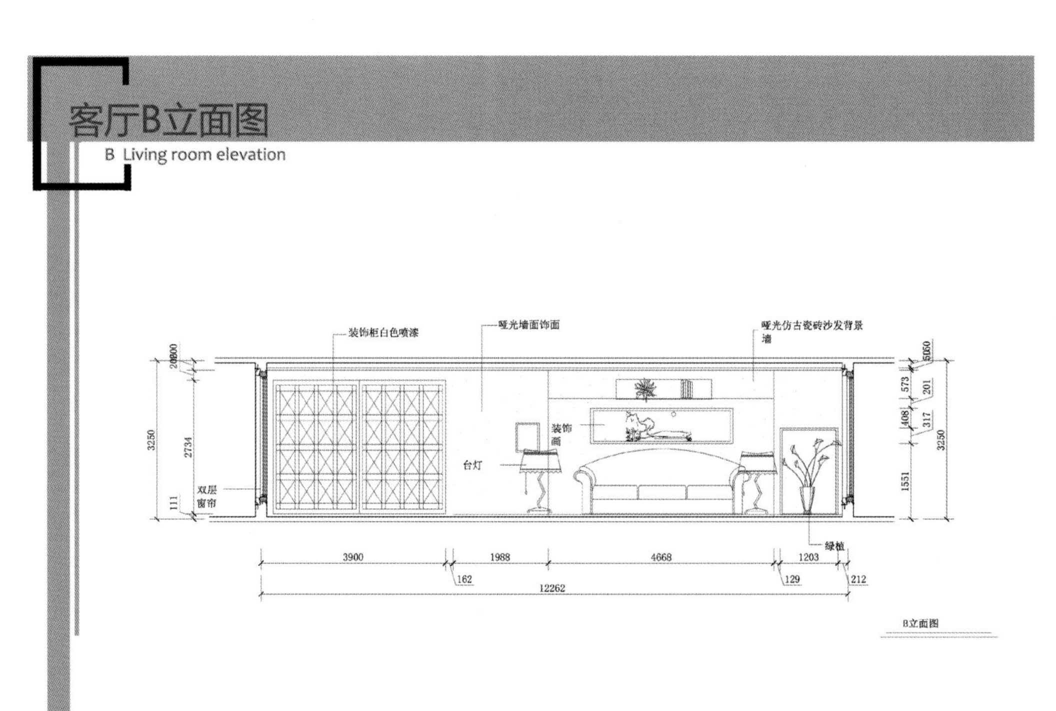

2．课题要求

本章的重点是读懂图纸的规范表达，并通过材料分析，独立完成相关图纸的设计与绘制。

课题时间：16～24课时。

教学方式：运用多媒体教学手段，通过实例讲解施工设计图的表达。

要点提示：材料和尺寸的标注，制图的基本方法，节点大样图的表现。

教学要求：线型、尺寸标注要规范。

训练目的：制图规范，空间布局合理，避免专业性的错误。

3．其他作业

通过提供的基本资料，尝试绘制多空间施工图纸。